U0637914

物质文明系列

水利史话

A Brief History of Water Conservancy in China

郭松义 / 著

社会科学文献出版社
SOCIAL SCIENCES ACADEMIC PRESS (CHINA)

图书在版编目（CIP）数据

水利史话/郭松义著 . —北京：社会科学文献出版
社，2011.7（2014.8 重印）
（中国史话）
ISBN 978 - 7 - 5097 - 2453 - 8

Ⅰ.①水…　Ⅱ.①郭…　Ⅲ.①水利史 - 中国
Ⅳ.①TV - 092

中国版本图书馆 CIP 数据核字（2011）第 111751 号

"十二五"国家重点出版规划项目

中国史话·物质文明系列

水利史话

著　　者 / 郭松义

出 版 人 / 谢寿光
出 版 者 / 社会科学文献出版社
地　　址 / 北京市西城区北三环中路甲 29 号院 3 号楼华龙大厦
邮政编码 / 100029

责任部门 / 人文分社 （010）59367215
电子信箱 / renwen@ ssap. cn
责任编辑 / 宋荣欣　孔　军
责任校对 / 吕伟忠
责任印制 / 岳　阳
经　　销 / 社会科学文献出版社市场营销中心
　　　　　 （010）59367081　59367089
读者服务 / 读者服务中心 （010）59367028

印　　装 / 北京画中画印刷有限公司
开　　本 / 889mm×1194mm　1/32　印张 / 6.25
版　　次 / 2011 年 7 月第 1 版　　字数 / 116 千字
印　　次 / 2014 年 8 月第 2 次印刷
书　　号 / ISBN 978 - 7 - 5097 - 2453 - 8
定　　价 / 15.00 元

总　序

　　中国是一个有着悠久文化历史的古老国度，从传说中的三皇五帝到中华人民共和国的建立，生活在这片土地上的人们从来都没有停止过探寻、创造的脚步。长沙马王堆出土的轻若烟雾、薄如蝉翼的素纱衣向世人昭示着古人在丝绸纺织、制作方面所达到的高度；敦煌莫高窟近五百个洞窟中的两千多尊彩塑雕像和大量的彩绘壁画又向世人显示了古人在雕塑和绘画方面所取得的成绩；还有青铜器、唐三彩、园林建筑、宫殿建筑，以及书法、诗歌、茶道、中医等物质与非物质文化遗产，它们无不向世人展示了中华五千年文化的灿烂与辉煌，展示了中国这一古老国度的魅力与绚烂。这是一份宝贵的遗产，值得我们每一位炎黄子孙珍视。

　　历史不会永远眷顾任何一个民族或一个国家，当世界进入近代之时，曾经一千多年雄踞世界发展高峰的古老中国，从巅峰跌落。1840 年鸦片战争的炮声打破了清帝国"天朝上国"的迷梦，从此中国沦为被列强宰割的羔羊。一个个不平等条约的签订，不仅使中国大量的白银外流，更使中国的领土一步步被列强侵占，国库亏空，民不聊生。东方古国曾经拥有的辉煌，也随着西方列强坚船利炮的轰击而烟消云散，中国一步步堕入了半殖民地的深渊。不甘屈服的中国人民也由此开始了救国救民、富国图强的抗争之路。从洋务运动到维新变法，从太平天国到辛亥革命，从五四运动到中国共产党领导的新民主主义革命，中国人民屡败屡战，终于认识到了"只有社会主义才能救中国，只有社会主义才能发展中国"这一道理。中国共产党领导中国人民推倒三座大山，建立了新中国，从此饱受屈辱与蹂躏的中国人民站起来了。古老的中国焕发出新的生机与活力，摆脱了任人宰割与欺侮的历史，屹立于世界民族之林。每一位中华儿女应当了解中华民族数千年的文明史，也应当牢记鸦片战争以来一百多年民族屈辱的历史。

当我们步入全球化大潮的 21 世纪，信息技术革命迅猛发展，地区之间的交流壁垒被互联网之类的新兴交流工具所打破，世界的多元性展示在世人面前。世界上任何一个区域都不可避免地存在着两种以上文化的交汇与碰撞，但不可否认的是，近些年来，随着市场经济的大潮，西方文化扑面而来，有些人唯西方为时尚，把民族的传统丢在一边。大批年轻人甚至比西方人还热衷于圣诞节、情人节与洋快餐，对我国各民族的重大节日以及中国历史的基本知识却茫然无知，这是中华民族实现复兴大业中的重大忧患。

中国之所以为中国，中华民族之所以历数千年而不分离，根基就在于五千年来一脉相传的中华文明。如果丢弃了千百年来一脉相承的文化，任凭外来文化随意浸染，很难设想13亿中国人到哪里去寻找民族向心力和凝聚力。在推进社会主义现代化、实现民族复兴的伟大事业中，大力弘扬优秀的中华民族文化和民族精神，弘扬中华文化的爱国主义传统和民族自尊意识，在建设中国特色社会主义的进程中，构建具有中国特色的文化价值体系，光大中华民族的优秀传统文化是一件任重而道远的事业。

当前，我国进入了经济体制深刻变革、社会结构深刻变动、利益格局深刻调整、思想观念深刻变化的新的历史时期。面对新的历史任务和来自各方的新挑战，全党和全国人民都需要学习和把握社会主义核心价值体系，进一步形成全社会共同的理想信念和道德规范，打牢全党全国各族人民团结奋斗的思想道德基础，形成全民族奋发向上的精神力量，这是我们建设社会主义和谐社会的思想保证。中国社会科学院作为国家社会科学研究的机构，有责任为此作出贡献。我们在编写出版《中华文明史话》与《百年中国史话》的基础上，组织院内外各研究领域的专家，融合近年来的最新研究，编辑出版大型历史知识系列丛书——《中国史话》，其目的就在于为广大人民群众尤其是青少年提供一套较为完整、准确地介绍中国历史和传统文化的普及类系列丛书，从而使生活在信息时代的人们尤其是青少年能够了解自己祖先的历史，在东西南北文化的交流中由知己到知彼，善于取人之长补己之短，在中国与世界各国愈来愈深的文化交融中，保持自己的本色与特色，将中华民族自强不息、厚德载物的精神永远发扬下去。

《中国史话》系列丛书首批计 200 种，每种 10 万字左右，主要从政治、经济、文化、军事、哲学、艺术、科技、饮食、服饰、交通、建筑等各个方面介绍了从古至今数千年来中华文明发展和变迁的历史。这些历史不仅展现了中华五千年文化的辉煌，展现了先民的智慧与创造精神，而且展现了中国人民的不屈与抗争精神。我们衷心地希望这套普及历史知识的丛书对广大人民群众进一步了解中华民族的优秀文化传统，增强民族自尊心和自豪感发挥应有的作用，鼓舞广大人民群众特别是新一代的劳动者和建设者在建设中国特色社会主义的道路上不断阔步前进，为我们祖国美好的未来贡献更大的力量。

陈奎元

2011 年 4 月

作者小传

郭松义，浙江上虞人，中国社会科学院历史研究所研究员，中国社会科学院荣誉学部委员，主要从事中国经济史和社会史方面的研究。出版有《民命所系：清代的农业和农民》、《伦理与生活：清代的婚姻关系》等著作二十余部（含合著），发表论文百余篇。

目 录

水利史话

引 言

　　大约在 2000 多年以前，有一部叫《管子》的书，里面提到："水者，何也？万物之本原也，诸生之宗室也，美恶、贤不肖、愚俊之所产也。"意思是说，水是万物之源，是各种生命赖以存在的根本，同时还决定着事物的美和恶、贤和不肖、俊秀和愚蠢。《管子》把水与人类、与生物界的关系，强调到很高的程度。事实也确是如此，在自然界，除了阳光、空气以外，水便是最重要的了，包括人类在内的所有生命，假若离开了水，便难以生存下去。但是水既有利于人类，也会给人们造成灾难。所以，人类在改造世界、完善自我生存环境的过程中，也包括对水的兴利除弊，即既消弭水害，又利用水为众人造福。这便是笔者在《水利史话》中要介绍的基本内容。

　　中国从传说时代起，就有许多关于抗洪治水的故事。大禹就是因为治水成功，一直受到人们的景仰。在其后四千年的历史长河中，各族人民和历代政府为兴办水利、保障正常的生产生活，花费了巨大的精力，涌现了一大批水利专家，著名者有郑国、李冰、西门豹、许扬、王景、王元暐、钱四娘、郭守敬、贾鲁、赛典赤·瞻思丁、宋礼、陈瑄、潘季驯、靳辅、陈潢等，当然还有更多的无名英雄。这些专家和英雄，都在实践中取得了巨大成就，有的还在理论上有所创见。他们的经验和留下的著述，是中国水利技术史上的宝贵财富。兴办水利是与大自然作斗争，当人们对它还没有足够认识，或技术力量不足，以及判断失误、施工不当时，都会导致失败，造成人们生命和财产的损失。这在中国水利史上也是经常出现的。总结这些经验教训，以为后鉴，同样也有价值。

兴办水利是一项为民造福的事业，自然会得到人们的赞扬，有的人、事还长久地留在一代又一代人的心中。但兴修水利要付出艰辛的劳动，还要冒失败的风险，乃至献出宝贵的生命。翻开中国抗洪治水的历史，无论是浚治河道，防止海潮的侵蚀崩塌，还是挖掘运河，开辟新航道，以及兴办农田水利等等，无不充满着各种斗争和需要高尚的牺牲精神。这里面不但有与大自然的抗争，而且还要解决因为与社会的传统习惯、巫蛊迷信，乃至与某些集团或权势人物的现实政治、经济利益相悖而变得异常复杂的人事矛盾，有时候，后者甚至比前者更加难以克服。因此，讲述水利史，不单单涉及工程技术问题，还与整个社会的历史相关联。当然，在这本小册子里，笔者主要谈有关水利工程的事，至于其他内容，尽管在政治史、经济史和社会史中是很重要的，却不能涉及太多，在很多场合只能以虚带实，或作点题性的交代。

中国水利史也是一部中国科技发展史。人们在与水害作斗争的过程中，把自己的聪明才智和发明创造贡献出来，很好地体现了当时的科技水平。中国水利科技事业的进步，在某种程度上也反映了中国科学技术方面的进步。有关此类成果，笔者亦将适当加以介绍。

由于中国幅员广大，各地的气象、水文和地形、地质等条件存在着很大的差异。兴办水利必须根据当时当地的条件因地制宜，采取恰当措施，切实去做，才能行之有效。在中国漫长的历史中，不但各个朝代、各个时期因政治经济状况不同，水利的兴办互有侧重，而且各地区的做法也不尽相同。比如早期的原始农田水利，以排泄积水为重点，后来便以引水浇灌为主了；又如秦汉和隋唐，关中地区一直是水利建设的重点，到了唐中期以后，随着大江南北经济的开发，南方的水利工程得到空前的发展；在农田水利技术的形式上，北方的井灌有着重要的意义，而南方则有围田、堤垸、堤围等等。有关这些，在本书中都会谈到。

鉴于水利史要涉及的内容、讨论的问题实在太多、太广泛，在这本小书中，笔者不可能把所有事情都包括进去，所以只能在交代清基本线索的前提下，在某些方面选择重点作挂一漏万的介绍。在叙述方法上则依历史顺序和分列专题相结合。依历史顺序就是按朝代、年代先后依次排列。至于专题，大致分成：农田水利，这是最主要的，所占篇幅最大；江河水患防治，着重谈黄河、长江、永定河的工程；航运和运河，则把开凿维修南北大运河作为重点；东南沿海海塘；城市水利，包括城市的水上运输、供水排水和鉴赏性水面的利用；边疆少数民族地区的水利建设。每个大专题中，还各分出若干小专题。如果说历史脉络是线条，分列专题是块体，那就是以块体为主，每块间又用线条串起来，从而形成一个体系。

在编写本书过程中，笔者除翻阅原始资料外，也参考了近人的许多研究成果，如武汉水利电力学院和水利水电科学院合编的三卷本《中国水利史稿》、梁家勉教授主编的《中国农业科学技术史稿》、姚汉源教授编著的《中国水利史纲要》、水利部黄河水利委员会编著的《黄河水利史述要》、彭雨新和张建民两教授合著的《明清长江流域农业水利研究》等，有时还直接采用他们的观点和某些统计数字。因本书属于通俗性读物，对资料出处一般不一一注释，故特说明，并向有关专家表示诚挚的谢意。

这本书如能起到普及水利知识、弘扬中华文明的作用，那将是笔者最大的愉快。

一 远古时代的水害和治水

 洪水为害和大禹治水的故事

从远古时代起，中国先民们为了发展生产、改善生存条件，就与洪水展开了斗争，大禹治水的传说，便是其中最有名的事例。

根据上古史的记载，大禹为夏朝的建立奠定了基础。在此之前，还有炎、黄、尧、舜等杰出的传说人物。他们都属于华夏族，是部落或部落联盟的首领。其活动中心，主要在今黄河流域的中下游一带。黄河流域是中国古文明的摇篮，也是中国最早出现农耕的地区之一。当时，虽然人们的生活处于原始状态，部落众多，但大多数已从高地迁到平原沿河地区居住，从事相对比较稳定的农耕生活。大概就在这个时候，因为气候的变化，洪水泛滥，长期积留不退，淹没了村庄，也淹没了庄稼，给人们的生产生活造成很大的灾难，正像有的史料所说："当尧舜之时，天下水逆行，泛滥于中国，蛇龙居之，民无所定。"又说："五谷不登，禽兽逼人，兽蹄鸟迹之道交于中国。"消除水患、稳定生活，便成为当时民众最迫切的愿望。

在开初，各部落各自修筑堤埂阻挡洪水的侵袭。因为各自为政，不但效果不显著，而且还出现以邻为壑、殃及四邻的事。"昔共工……欲壅防百川，堕高堙庳，以害天下"，就是指的这种情况。共工是个部落领袖，据说是领导大家治水的一个很出名的人物。但即使再有本事，孤军作战也毫无办法，而且还会出现许多矛盾，引起无穷后患。实践证明，只有联合起来，统一步骤去干，才可能出现转机。于是在四岳的推荐下，作为部落联盟首领的尧便命鲧（音 gǔn）带领大家去治水。鲧尽管努力工作，但方法不对，仍采用传统的"障"和"堙"，也就是筑堤拦堵。这对于一般水情正常的年代，也许能起到作用，但遇到多年不退的特大洪水，那就无能为力。鲧辛苦了几年，"功用不成，水害不息"，最终失败。鲧的失败表明，尽管人们把人力物力都合在一起，但方法上若无创新，仍停留在诸部落自保一方的老框框中，摆脱不出来，同样无济于事。鲧因失败，被舜"殛"（音 jí）于羽山。"殛"也就是杀。但也有人说，"殛"同"逼"，是流放的意思。不管如何，鲧从此在大家面前消失了。

禹是鲧的儿子。尽管鲧因治水无功受到处罚，但是大家还是看中了禹，要他继鲧之后再领导治水工程。父亲的失败让禹心中充满悲愤，但也促使他更加清醒地去面对现实，思考新的出路。为了表示治水的决心，禹刚刚受命，便辞别了分娩才满 4 天的妻子涂山氏和稚子启出门了。从此他与妻儿一别十几年①。在治水过程中，他曾三次途经家门而不入，其忘我精神着实令人感动。当然，禹更懂得，要治好水，只靠个人决心是不够的，更重要的是必须制定一个正确可行的方案。为此他一面潜心研究，一面又虚心向人请教，包括一些著名的头面人物，像伯益、皋陶、横革、直成等人，还请曾在治水中作出过成绩的共工氏的后代和四岳提供意见，终于做到胸有成竹，行之有序。

在治水过程中，禹坚决摒除了过去消极防堵的做法，提出因势利导排泄积水的新设想。这样就得先开凿沟渠，涸出浸溢的土地，然后再把大小沟渠与自然河道连通起来，使之顺流入海。为了使水流顺畅，对于某些河床过窄、弯度过大的水道，也做了必要的拓宽或截弯取直。所谓"高高下下，疏川导滞"，就是禹治水的总方案。

禹在带领大家治理大洪水的过程中，始终亲临第一线，"以为民先"。人们常常看到他一手提着"准绳"（相当于今天垂球一类的测量工具），另一手紧握"规矩"（原始的圆规、角尺之类），或者肩扛着耒（音 lěi）、锸（音 chā）之类的挖土工具，奔忙于水利工地，以便随时测算修正。禹因为长期在野外生活，不断受到风吹雨打和泥水浸泡，连腿上的汗毛都脱落了。

---

① 关于禹治水的时间有不同说法，有的说 5 年、7 年，也有说 8 年、10 年、13 年的，其实都属传说。不过从中可以看出，他在外的时间确实很长。

据记载，禹的足迹几乎踏遍了今天黄河、长江中下游的许多地方。经他疏浚过的河流有漳水、恒水、卫水、济水、黄河、滹河、沮河、漆水、潍河、溜河、淮河、沂水、沱江、潜水、伊水、瀍水、涧水、洛水、黑水、川水、弱水、泾水、渭水、沣水、漾水、降水、沧浪水、三澨水、澧水、泗水、沇水、汶水等，湖泊有大陆泽、雷夏泽、大野泽、彭蠡泽、震泽、云梦泽、荥波泽、菏泽、孟猪泽、猪野泽、荥泽等，范围相当广阔。经过长期艰苦的努力，大禹终于取得了治水的胜利。许多为躲避大水而搬到山丘高地上居住的男女老少，又回到了平原重建家园。大家高兴地编歌称颂禹的功德说："洪水芒芒，禹敷下土方。""丰水东流，维禹之绩。"还说他"抑下鸿，辟除民害"。当时的领袖舜见人们都衷心地拥护禹，便把自己的位置禅让给他。禹于是成为中国传说中以治水而深受后人景仰的古代部落联盟领袖。

 对大禹治水传说中有关疑问的解释

大禹本是一个传说中的人物，后来的很多记载又把他神化，比如说经他疏治的江河有数十条，湖泊十几个，涉及黄河、长江、淮河各主要水系。又说他凿通了黄河的龙门和伊阙水道，使淤塞的水流能汹涌澎湃，一泻千里。如此等等，都使人们产生怀疑，联系到当时的交通条件，以及那时连铁制器具也没有，怎么可能做出连今人都叹为观止的工程来呢？

　　不过，上述的疑问只是问题的一个方面，因为既然大家都承认，大禹治水是上古时期的一个传说故事，那么在世代辗转相传中，加上许多附会夸大之事，就并不是什么奇怪的事情了。因为人们总是习惯于把一些曾经做过大量好事、为大家所崇敬的英雄人物说得十全十美，甚至把一些原来不属于这些英雄人物的事迹也统统加在他们身上。禹的传说的神话化，便是这个道理。

　　其实，古代的中国大地，不仅南方的长江流域河道纵横，湖沼密布，就是黄河流域也不像今天这样干旱缺水，而是气温偏高，雨量充沛。因此，人们在从事农业生产、与大自然的斗争中，与水抗争常常居于首要的地位。在鲧、禹等人治水前后，因气候变化而发生的洪水横流危害众生，不只是禹生活的黄河流域如此，在长江流域也同样如此。防治洪水，已成为居住在沿江沿河南北各部落的一致要求和共同行动。所谓禹的治水足迹遍及黄河、长江、淮河，也就是把各个部落在治水中所作出的成绩，都归到了禹的身上。大禹治水，实际上就是大众治水，禹只是在这众多的治水大军中成绩最突出、功劳最显赫的一个代表性领袖人物而已。《左传》说："禹会诸侯于涂山，执玉帛者万国。"有人就解释为可能是一次治水的汇报会或庆功会。如果这种说法能够成立，那便清楚地看出参与的部落是如何众多，规模又是何等的壮观。

　　至于禹"凿龙门，辟伊阙"的故事，《中国水利史稿》上册（水利电力出版社，1979年版）作了这样的解释："龙门在陕西韩城县与山西河津县之间的黄河上，伊阙则在洛阳的南边。两山夹峙如门，黄河和伊水分别在其中流过，这本是大自然创造的奇迹，是千万年水流冲刷和地质变动造成的。古时科学不发达，把自然力的创造疑为鬼斧神工，因而附会到以治水闻名的圣人身上。传说中夹杂着这样一些附会是很自然的事情。这种时间、地域以及自然现象的附会，更加强了禹治水的传说色彩。不过，历史传说是以历史事实为基础的，在这点上则根本不同于神话。"应该说，这种观点是很有道理的。

 3　原始农田水利

农业离不开水，即便是最原始的刀耕火种，也必须用水滋润、灌溉土地。相传大禹在开沟挖渠，导水入江入海，涸出平地的同时，也建立了一套比较完整的农田水利系统，并根据排灌量的大小，分别叫做"畎"、"浍"、"沟"、"洫"等。这就是《论语》和《尚书》中所说，禹"尽力乎沟洫"或禹"浚畎浍距川"。

夏朝以后，接着便是殷商时期。后来出土的殷商甲骨文中，把田字写作囲、畐、囲等形状，说明当时的农田和修治完整的沟洫系统是构成一体的。甲骨文中还有"甾"、"畖"等字，据考证即今天的"畎"（甽）字，是田间的小沟。后人叙述西周的农田沟洫，常常有疆理土地的记载，像《诗经》说的"乃疆乃理，乃宣乃亩"。这是一种自殷商以来业已存在的井田制土地经营方式。但若是从农业技术的角度进行考察，也可以看成是对农田水利的完善和系统化。每一处井田都有一定的规制，用田埂道路划分成各个小块，然后开挖大小不等的沟渠，纵横相连。后来有人作《周礼》，把井田制当作小农生产的一种理想方案加以描绘。如果我们透过这些被美化了的字眼，多少可以看到当时的农田水利，已达到了一定的水平。

那么，当时的沟洫系统究竟起了什么作用呢？前面说过，大禹开沟渠的目的是为了排泄洪水。在这以后，洪水虽然顺着江河流归大海导引走了，但防洪排涝仍属主要任务，这与后来挖渠引水灌田，多少有些不同。之所以如此，当然与夏、商、周时期的农业环境密切相关。

根据有关专家的研究，农业的产生和发展，一般都是由山地或较高的台地，逐渐地扩及靠近河岸的平原低湿地区。在夏、商、周时期，黄河中下游的广阔平原，便是中国最重要的农业区。这与早先的山田相比，平原近河之地土质肥美，但却需要抗洪排涝。而当时的作物多是黍、稷等旱地作物，并不需要太多的水，不过由于那时地旷人稀，在农田近旁，一般都遗留着大片的荒滩草地或沼泽湖泊，可作为蓄水、泄水的处所。这样，每当夏秋之交，雨量大增，洪涝泛滥的时候，人们通过沟洫把农田里的积水排泄到河泽中去。沟洫主要作排水之用。

当然，排泄积水虽是当时农田水利的重点，但不等于没有灌溉的需要。《诗经》中有"滮池北流，浸彼稻田"，或"挹彼注滋，可以灌溉"，都含有引水或取水灌溉的意思。另外还出现了一些用人工堆筑土堤以增加池塘蓄水量的储水工程，当天气干旱缺雨时，可以用来灌溉，淋涝之际则排水入塘，实现排灌结合，比起单纯泄洪又前进了一步。尽管如此，在夏、商、周时期，农田水利工程毕竟规模不大，而且也比较粗糙原始，在更多的场合，人们只能靠天吃饭。《诗经》中有关祈雨的诗歌就反映了这一点。如"琴瑟击鼓，以御田祖，以祈甘雨，以介我稷黍"，"有渰（音 yǎn，云兴状）萋萋，兴雨祈祈，雨我公田，遂及我私"。意思是说：弹着琴瑟，打着大鼓，去迎接那管司田地的神灵，求求它痛快地赐洒一场甘雨，帮助我田里的稷和黍快快成长。天上的云彩堆积得那么厚，看来雨水一定很多了，祈求天公先把雨落到公田里去，然后再施惠私田，以便耘完田，能腾出时间来照料我们的私田。从人们对雨水的迫切心情，可以看到农业对大自然的仰赖是多么的深切呵。

二 大型水利工程的相继出现

到了春秋战国时期，随着生铁冶铸技术、炼钢技术的发明和在工农业中的应用，再加上牛耕的日趋增多，更多的田野不断被开垦出来。春秋战国又处于社会制度大变革的时期，在生产发展的基础上，一个五口之家，可治田百亩。自耕农民视井田制为桎梏。各诸侯国家在强兵富国思想指导下，奖励耕战，扶植个体经济发展。于是，原来与井田制有密切关联的沟洫水利设施，因小农生产的发展而遭到破坏，促使人们在水利建设中寻找一条新的出路。所谓"井田废，沟洫堙，水利所以作也"，就是这个道理。这也是春秋战国时期一些大型水利工程相继出现的社会大背景。

与过去有所不同的是，在夏、商、西周时代，农田水利主要以排为主，灌为次。新出现的水利工程着重于拦洪蓄水，实现人工灌溉。之所以会有这种转变，与禹治水后积水有了很大消退，同时由于气候变化，特别是黄河中下游一带干旱较为严重有密切的关系。在这时，引水灌田成为保障农业生产的主要措施。

期思陂和芍陂

在春秋战国时期修建的大型或较大型的水利工程中，期思陂和芍陂是值得称道的。

期思陂位于春秋前期的楚国境内，相传为楚人孙叔敖所建。孙叔敖以期思水为主水源，积蓄为陂塘，用以灌溉田地。期思水现在称史河，在今河南固始县境内。据说自建期思陂后，周围百里之内，无求于天公，可见蓄水量是很丰富的。

芍陂在今安徽寿县，当时叫寿春，也出自孙叔敖之手。寿春的地势是南境和东西两面有连枷等山，海拔较高，北边因有淮河流经，显得低湿卑下，每逢雨季，山水下灌，常常冲毁田禾。孙叔敖根据地形，把东西两边的山水引入夹谷之中，形成一个周围 120 余里的人工湖，叫做芍陂。芍陂有五个门，西南一门容纳泚水（今渭河），东北一门叫井门，与肥水相通（今肥河），西面一门连接一个面积不大的香门陂，北面建两门，分别与淮河相沟通。在五门中，西南一门接受来水，其余四门都起排水作用。修建芍陂以后，雨季可以容纳大量山水，起蓄洪作用，平时灌溉田地，必要时还可以放水以利通航，是兼有灌溉、防洪和航运的多功能水利工程。芍陂建成后，近旁一带便成了鱼米之乡，同时又得到水上交通之便，使寿春地区的经济有很快的发展。寿春城亦因此成为楚国一个很出名的都会。

2 漳水十二渠

漳水十二渠也叫做西门渠，是战国初期魏国邺令西门豹主持修建的引水工程。邺地即今天河北磁县、临漳一带，有漳水流经其地。漳水的上源在山西东南部山区，源头很多，到了平原以后，由于各支流汇注一起而水量骤增，往往上游雨水稍多，漳水河床无法容纳，便要泛滥成灾。当地巫婆勾结一些土豪，利用人们对水害的畏惧心理，大搞祭河活动，借机敛聚钱财，还将无辜儿童作为祭品予以残害。西门豹就任邺令后，对此感到愤怒。他一面惩办巫婆和跟着巫婆做坏事的人，教育大家从迷信中醒悟过来，一面兴修水利工程，开凿十二渠，引漳水灌溉田地。原来漳水两岸都是盐碱地，土质很差，田地产量只相当于邻近好地的一半，水渠修通后，人们引水灌田洗碱，也可填淤加肥，把盐碱地改造为盛产稻粱的膏腴之地，既抑制了水害，又有益于禾稼，从而得到大家的称赞。

西门豹以后，又过了一百多年，有一个名叫史起的人到邺地做官。他对漳水工程又作了进一步修整，所以有"西门溉其前，史起灌其后"的说法。西门豹和史起两人，一前一后，都对水利建设作出了贡献。他们的事业，可算是互为补充，相得益彰。

据专家们研究，漳水十二渠属于多渠口有坝取水。根据后来曹魏时重修西门渠时的规划，每隔一定距离修一道低滚水坝，共12座，分出12个口，各口上均安设水闸，然后分入 12 道水渠，对于清淤、维修都很方便，符合科学原理。在后世很长一段时期，人们始终受到它的惠泽。

在当时，这种属于引水灌溉的水利工程，除了期思陂、芍陂和漳水十二渠以外，还有春秋后期晋大夫智伯瑶遏引汾水支流晋水（在今山西境内）淹灌晋阳（今山西太原附近）以后，后人利用其遗址而修的智伯渠。战国后期秦将白起在鄢郢（今湖北宜城市境）引鄢水（汉水支流，今称蛮河）作源，筑堰开渠以攻楚，后人用以灌田，北魏时灌区达三千顷。它们也都在农田排灌方面起了很好的作用。

3 郑国渠

在春秋战国时期修建的一系列水利工程中，规模最大而又影响深远的，当推郑国渠。

郑国渠的修建时间是在战国末期秦王嬴政统一六国前夕，地点在今陕西关中平原偏北部，也就是泾水以东、洛水以西沿渭河一带。此地干旱少雨，地下水埋藏又浅，农田因缺乏浇灌而盐碱化，严重地影响了农业生产。凿渠引水，便是化恶土为良田的一项重要措施。郑国渠以主持这项工程的郑国的名字命名，中间还穿插了一段有趣的故事。当秦国日益富强，严重威胁到东方六国安全时，首当其冲的是韩国。为实施"疲秦"之计，韩国政府决定派水利工程专家郑国去秦国，劝说秦王开挖一条大灌渠，企图借此消耗他们的人力物力，使之无力出兵东进攻打韩国。秦王果然中计，但在施工进程中"疲秦"之计被识破。秦王派人抓来郑国要杀死他。郑国慷慨陈词说：我修这道渠诚然能暂时延缓韩国生存的时间，但却为秦国建立了万世之功。秦王听了后，觉得很有道理，让他继续效力。秦国为修建这条水渠，征发了成千上万的劳力，花费十多年时间。渠道建成后，秦国更加富强，终于完成统一大业。人们为了纪念郑国的功劳，便把渠名叫做郑国渠。

郑国渠的干渠长 300 余里，大体从今泾阳西北的仲山脚下引泾水东流，穿越冶水、清水，并利用了浊水的一段河道，经沮水，再沿着分支河道在富平县南的东北方向，与洛水相交汇。在 20 世纪 70 年代，中国考古工作者根据文献记载，又结合地形、地貌，作了一次实地调查，对郑国渠的故道有了进一步的了解。它的流经地域，大体包括今泾阳、三原、临潼、富平、蒲城、渭南、白水等县，涉及的范围相当广阔。

郑国渠是一条建立在北方平原上的灌溉渠道，但由于北方气候干旱，水源严重不足，所以郑国在规划取水方案时，确实花费了一番心思。经过调查分析，确定以借用客水的办法，加以解决。为此，郑国组织夫役先后连通了流经的许多天然河道，有的地方干脆利用原来的水道作为干渠的一部分。另外，在引泾水东流的途中，还有一个沼泽叫瓠口或焦濩泽的，也把它连通起来，作为调节泄蓄之用。这些河道尽管水量并不充沛，但串联起来，汇成一道，那就可观了，从而有效地保证了有较多的水量。

郑国渠在渠首的选址上也是符合科学原理的，以泾水河道的近弯曲处作为引水口。根据水流的特性，在通过弯道时，除通常的纵向顺流外，同时会产生横向环流，有一种向外甩出的力量，这就比直道取水水量要大得多，而且因为水流的原因，避免了泾水的粗沙进入渠道，对于防堵防淤亦有重大意义。

再有，郑国渠的干线布置在与渭河平行的靠北地势稍高的区域里，由此向南开挖支渠，使水能很方便地由高顺势而下，形成自流，整个灌区都在干渠控制之中，把尽可能多的田地包括到灌区中去。

在郑国渠的修建过程中，还有许多复杂的工程技术问题，其中讨论最多的就是当干渠穿越天然河道时，如何把握不同的水位和流量。对于这一点，史料没有作出明白的交代，后人在解释此事时，也存在着不同的看法。有的认为是修建原始闸口进行控制，也有的依据后来史籍中有"飞渠"、"石棚"、"透槽"、"暗桥"的名称，认为是采用了简易的渡槽（立交的办法）。不管如何，总之郑国确实较好地解决了这个技术问题，使渠道通畅无阻。

郑国渠建成后，据说能灌田万余（秦）顷，约合今天的 280 万亩。对于这个数字，有的专家根据近代水文气象资料，提出了怀疑。但是，它终究是当时修建的最大人工灌区，是个了不起的工程。郑国渠行经的地方，土质多属碱性，河水带来的大量有机质泥沙，随着灌溉水流进入农田，既冲洗了碱质，还加肥了土地，原来的"泽卤之地"变成了丰产田，亩收1钟，大约相当于现在每亩250斤，这在当时是很可观的。

4 李冰修建都江堰

都江堰在今四川都江堰市，位于长江支流岷江从川西北山区峡谷进入平原的交接点上。该堰古时叫做湔堋、湔堰或都安堰。唐代称楗尾堰。都江堰之名是在宋代才出现的。

在都江堰未曾修建前，成都平原地区经常水患不断，原因是当岷江水流穿越上游崇山峻岭时，水势湍急，一旦进入平原，流速减缓，随水夹带的泥沙便沉淀淤积下来，时间一久，堵塞江道。因此，每当夏季暴雨，岷江水势猛涨，平原地区就要泛滥遭灾，可在其他少雨时节，却又因枯水而发生旱灾。鉴于此种情况，大概从很早时候起，人们为了开发成都平原这块富庶宝地，便不断与水展开斗争，并陆续兴修了一些小型水利工程。

公元前301年，秦昭王派司马错统一蜀地，接着又命李冰为蜀郡守。李冰是中国古代一位杰出的水利专家，"能知天文地理"。当他来到四川后，便了解到岷江为害的情况，决心要彻底整治，以拯救民生。为了摸清岷江流域的水文地质情况，他从成都出发，经郫县到湔氐（今都江堰市），沿途作了深入细致的调查，最后选定在湔氐修建堤堰。应该说，这个点选得

19

好极了。因为从地形来看，成都平原好像一柄摊开的折扇，金堂、成都、新津是一线排开的扇面，它们向北逐渐收缩，到湔氐也就是今天的都江堰市，则是扇柄的转枢。扇形灌区全部面积约 3500 平方公里。控制了引水枢纽，也就掌握了除害兴利的关键。

李冰兴筑都江堰，在时间上稍早于前述的郑国渠，约在公元前 256 年至前 251 年之间。都江堰工程由鱼嘴、飞沙堰和宝瓶口三个部分组成。鱼嘴也叫分水鱼嘴，古称湔堋，形如迎着岷江水流的鱼头前部。鱼嘴后筑金刚堤，并分内堤和外堤。金刚堤把岷江一分为二：靠东的是正流，叫外江，起排沙、泄洪作用；靠西的叫内江，是岷江支流，主要起灌溉、航运的作用。飞沙堰连接堤坝和离堆，与堤坝连成一条直线，其高度又低于堤坝，是用竹篾编成直径 3 尺、长 10 丈的竹笼，装上卵石，堆在水中而成。飞沙堰是排沙溢洪最关键的工程。每当内江水流过大，水位上涨时，过量的水便溢过飞沙堰，排入外江，从岷江正流通过，同时也带出了泥沙。在正常水位情况下，内江水则通过宝瓶口流入成都平原，灌溉田地。宝瓶口是控制内江水流进入成都平原的咽喉，因形如瓶口，故后人称之为宝瓶口。进入宝瓶口的水流量始终维持在每秒 700 立方米左右的水平，可做到少雨干旱时灌区不缺水，大水不成灾。

为了能及时准确地测量到水位高低，李冰还在内外江分流处的鱼嘴做了 3 个石人，立于水中，要求宝瓶口引水时，枯水时期石人不露足，盛水时期石人不没肩。这是中国见于史籍记载最早的测水标尺（水则）。人们可以从石人身上看到水位涨落，以及水位是否接近警戒线，以便及时采取措施。此外，李冰为了把从宝瓶口流出的水引到成都平原，还开凿或加宽加深了柏条河和走马河等河道，以利于航行和灌溉。

由李冰规划兴修的都江堰，是一项结合防洪、灌溉、抗旱、运输的多功能水利工程体系。它成功地解决了分水、引水、排沙和稳定地供应平原地区灌溉水量等许多复杂问题。在这项工程中，李冰选择堰址之科学，设计之巧妙，即使在今天看来也有很高的水平，是值得大加赞颂的。东晋人写的《华阳国志》里，具体地描述了自都江堰建成后成都平原的富庶景象：岷江上游的竹木等山货，从此可顺流而下，功省用饶；引入的渠水则满足了开辟稻田的需要，于是沃野千里，号为陆海。不但如此，都江堰还能旱则浸润灌溉，雨则闭塞水门外泄，做到了水旱听从人的使唤，不知饥馑，时无荒年，由此，天下人都羡慕地称呼成都平原为天府之国。天府之国的美称是与李冰的名字密切联系在一起的。后人称赞李冰的业绩，寄托追思之情，在传说中加入了不少神化的内容。各朝政府为顺应民心，也不断封赠头衔，还立庙祭祀，使李冰成为深入人心的神一样的人物。

都江堰工程的具体位置和建筑规模在后来的维修续建中曾有所变化，但它的基本规制，在李冰时代已经奠定了。

5 历代对都江堰的维修

自李冰创建都江堰工程后，历代官民为了保护这块天府之国的美地，不断投注力量对都江堰加以维修和完善，使这项工程的经济效益持久不衰。直到今天，都江堰水利枢纽仍在发出耀眼的光芒。

从历代情况来看，都江堰的维修一般都由当地官府出面，负责征集民夫，或派银雇役进行，同时也设置专官以加强管理。像蜀汉时设有堰官一职，晋代则有"晏官令"，宋朝政府以永康军兼领堰事，明朝置水利佥事，清代改称水利同知。他们的任务是督察维修都江堰。现在屹立于都江堰市境内岷江上的百丈堤、人字堤等附属配套工程，就是后来各朝陆续增设扩建的。

在都江堰工程中，鱼嘴突出于岷江江心处，为内外江分流的尖端。连接鱼嘴的金刚堤因受湍流夹击，也是险工地带。为了保护鱼嘴和堤防的安全，历代官民都付出了智慧和劳力。宋代曾设计了一种状似象鼻的堤堰式样，共长70余丈，以加固护堤。元代四川肃政廉访司佥事吉当普，用铁16000斤，铸造了一只大乌龟，穿在铁柱上，当作镇水之用。后来明代人又铸铁牛两头，共重67000斤，分作人字形，埋入靠近鱼嘴的两旁，以迎接水流的冲击。清代更进了一步，将堤堰包上大石，再用铁锭联扣，灌上灰油，使坚固无失。

由于岷江经鱼嘴进入内外江后，水势渐趋平缓，上游夹带的泥沙卵石逐渐沉淀，时日一久，河床增高，分流失去作用，就会影响全局，所以必须定期疏浚江道。每到冬春枯水时节，官府便组织人力，挖沙取石，以保持内外二江道的通畅。施工顺序是先截断外江，待沙淘净后，再修内江。每次挖掘的高低、阔狭、深浅，都有严格的规定，不敢任意更改。人们通过不断的实践，终于总结出假托李冰所作的六字口诀。这就是"深淘滩，低作堰"，并把它刻在石头上，作为治水的准则。淘挖的深度，宋人曾埋石马当作标记，后来元明两代又埋有铁板，清人则竖立了铁柱、铁桩。堰，指的是用作排水泄洪的飞沙堰和后来增修的人字堤。所谓"低作堰"，就是说堰的高度必须限制在金刚堤以下，一有堆淤，随时疏理。至于"深淘滩"，就是前面说的定期疏浚江道。到了清末同治年间，灌县知县胡圻根据历代的治水经验，编了一则三字经说："六字传，千秋鉴。挖河心，堆堤岸。分四六，平潦旱。水画符，铁桩见。笼编密，石装楗。砌鱼嘴，安羊圈。立湃阙，留洊罐。遵旧制，复古埝。"后来又有人作八字格言："遇弯截角，逢正抽心。"无论是六字口诀、八字格言，或者是治水三字经，都是千百年来人们在营建维修都江堰工程中创造总结出来的。它通俗易懂，便于遵守，反映了中华民族在治水中的无限创造力。

三 关中水利和北方的
农田灌溉

 关中地区的水利建设

秦汉至唐朝中期，以黄河中下游为中心的广大北方地区，一直是全国人口最集中、经济最发达的地区，而富庶的关中地区又是其中的腹心。关中指的是函谷关（在今河南新安县东）西、大散关（今宝鸡市西南）东、秦岭北、陕北黄土高原南，以西安为中心的陕西关中平原。秦、西汉，以及西魏、北周、隋、唐，都把国都选择在这个地区。如果说，中唐以前全国的经济重心在北方，与农业生产有密切关联的水利建设也多集中于北方，那么，在相当长时期里，关中地区便是重点的重点。

关中地区的水利建设，前期在西汉武帝时期（公元前140～前87年）达到高潮。反映了中国在经过秦末汉初的政治大动乱和经济大萧条以后，又开始进入一个新的鼎盛时期。水利事业的兴旺，正是从一个侧面反映了经济的繁荣和农业生产的发展。

汉武帝元光六年（公元前129年），西汉政府根据大司农郑当时的建议，开挖漕河。漕河起于长安，穿越渭水，一直向东与黄河相衔接，全长300余里，花费3年时间才告完成。漕河是一条运河，是为了方便长安与广大关东地区的航运联系，但同时也使两岸农田得到水利灌溉。

大约在武帝元狩末年（公元前118～前117年），又有一个叫庄熊罴的人上书说：洛水下游的临晋（今大荔县）人士，愿意引洛水浇灌重泉（今蒲城县东南）以东的万亩贫瘠之地。武帝批准了这个请求，征发兵丁万余人进行开挖。此渠从征县（今澄城县）接通洛水，然后向南延伸，穿过商颜山，一直到临晋境内又与洛水相连。当水渠挖到商颜山时，发现它的山坡是由黄土覆盖而成，随挖随崩，没有办法，于是每隔一段路程，便在顶上开掘一座深几十丈的竖井，然后再在井下凿出暗渠互相连通。这样水在商颜山下蜿蜒曲折地行走十多里。由于工程量比原来想象的不知要大出多少倍，所以花费时间也特别长，经十余年才完工。此渠因在施工中挖出恐龙化石，故命名为龙首渠。大概因为洛水的出水量比预想的要少，龙首渠所发挥的实际效益并不明显。但它采用的竖井连通暗渠的新技术，却是中国水利史上的一大创造，体现了两千多年前我们祖先的聪明才智。有人认为新疆的坎儿井技术，就发端于此。后来北周时，有人重开龙首渠，并与稍前三国时修的临晋陂相配套，扩大灌溉面积数千顷。

六辅渠是在武帝元鼎六年（公元前111年）由左

内史兒宽主持兴修的，目的是引灌郑国渠旁的高地。据唐代人的解释，六辅渠是利用郑国渠水开 6 小渠，灌溉南岸田地。照此说法，六辅渠等于是郑国渠的支渠。有的学者考虑到当时的水文和地理条件，认为把本来水量不多的郑国渠水引向高处，既不经济，也不合科学道理，实际上很可能是以郑国渠北的冶峪（冶水）、清峪（清水）、浊峪（浊水）等水为源，作渠浇灌。六辅渠修成以后，兒宽为了合理地分配水的使用量，把它最大限度地浇灌到田地中去，还专门规定了一套法令。据有关专家考证，它称得上是中国历史上第一部水利法规。

修建白渠，在某种程度上可说是对郑国渠的进一步完善和补充，是武帝时期关中水利工程中意义最大、效益最显的一项兴筑。白渠是太始二年（公元前 95 年）由赵中大夫白公提议动工兴建的，故起名叫白渠。白渠的起点靠近郑国渠的渠首，也是引泾水由西向东。只是白渠更靠近南边，在万年县附近穿过漆水、沮水后，折向下邽（今渭南市东北）以通渭水。白渠的有效灌溉面积约 4500 顷，相当于今天的 30 余万亩。由于白渠和郑国渠的灌区紧紧挨在一起，所以人们就把它与郑国渠合称为郑白渠。有这样一首歌谣："田于何所？池阳、谷口，郑国在前，白渠起后。举臿为云，决渠为雨。泾水一石，其泥数斗。且溉且粪，长我禾黍。衣食京师，亿万之口。"它极其热情地称赞了郑国渠和白渠给当地农业生产带来的好处。郑白渠已经成了给关中人民带来丰收、带来喜悦的生命之渠。

除了上面谈到的各水渠外，当时在关中地区还有一些其他水利工程。像位于今周至和户县境内的灵轵渠、周至西境的沣渠。这两条渠道都是南北走向，流入渭水。成国渠在今眉县渭水北岸引水东行，大体经过扶风、武功、兴平等地，最后汇于蒙茏渠。关于蒙茏渠，因为记载不多，能知道的情况很少。据有人猜测，它可能属于上林苑中的一条园林渠道。另外，在当时的长安附近，还有一些流入渭水的天然河道，像丰水、浐水、灞水、浃水，以及昆明池、镐池、滮池等湖泊，也都可利用来灌溉田地。

樊惠渠建于东汉光和五年（182年），系京兆尹樊陵所开，借泾水为水源，规模虽不大，但有堰、有闸、有涵洞，设计精当，布局合理，使昔日"卤田化为甘壤"，效果很好。

为了更好地管理水利工程，汉武帝还设置专官以司其事，以后一直延续不废。有关武帝在关中倡导水利事业所取得的成果，著名史学家司马迁说的一段话很有概括意义。他说：关中土地，就全国而言，面积只相当于三分之一，人口也不过十分之三，可创造的财富却占了十之六成。在当时，社会财富所出，主要是农业生产。关中地区高度发展的经济水平，反映了农业生产的发达。而这，当然又与良好的水利条件是密不可分的。

关中地区的水利建设，在唐代前期再次进入高潮。唐定长安为国都，对于长安周围的经济发展自然倍加注意，这也是关中大兴水利的重要前提。

唐代在关中兴办农田水利，主要着眼于对已往工程的修复和扩展。汉武帝时期开凿的白渠，此时被分成太白、中白、南白三支渠道，故又称三白渠。太白渠经今泾阳县的东北部，流入石川河，再接北周时开挖的富平堰。中白渠由太白渠分出东走，穿石川河，最后在今华阳县界流入渭河。中白渠又分出南白渠，然后向东南流入渭水。敬宗宝历元年（825年），高陵县令刘仁师在中白渠修筑一道形势壮伟的彭城堰，又挖掘支渠以进一步扩大灌溉面积。

唐朝政府对郑白渠的管理和维修也非常关注，规定由京兆少尹领其事，下又有专门机构，制定管理规制，大约每隔几十年就要修整一次。由于郑白渠行经之处都是富庶之地，一些权贵富商常常夺占堵截流水，设置水碓、水磨取利，使农田用水大为减少。这实际上是对正常水利事业的破坏。为此，朝廷曾多次下令拆除私家碾硙，但效果并不明显。

六门堰也是当时的一项大型水利工程，堰址在今武功县西，原为汉代成国渠的渠口，共建闸门6座，因称六门堰。成国渠在曹魏青龙年间（233～237年）进行扩建，引泾水以西的另一条渭河支流汧水与之相接，使关中地区的四大水源——汧水、泾水、渭水和洛水都连通在一起。六门堰兴修汇合了韦川、莫谷、香谷、武安诸水入成国渠，将其更名为升原渠。升原渠灌田面积200万亩，经济效益与郑白渠不相上下，所以人们又称之为渭白渠。

根据记载，唐代在关中地区的水利建设还有：武德二年（619年）在下邽（今渭南）修金氏二陂，引白渠水灌田；开元二年（714 年）在华阴筑敷水渠，不久又延长与渭河相通；开元四年在郑县（今华县境）筑利俗、罗文等渠，引水灌田。唐朝政府还在原龙首渠灌区东头，从龙门引黄河水，使今韩城一带六十多万亩田地得到灌溉；开元七年，同州刺史姜师度于今朝邑县北筑通灵陂，引洛河等水以扩大浇灌面积。这些工程，都不同程度地发挥了良好的效益。

唐代在关中地区的农田水利工程，虽都以改造和扩建原有设施为主，但在设计上比以前更加周密细致，工程水平也有新的提高。随着灌溉面积的扩大，新垦辟的农田数也在不断增加，范围也有拓展，这在很大程度上，是唐前期国力雄厚的一个缩影。

 北方其他地区的水利工程

在农田水利建设中，关中首屈一指，但不等于说其他地方便没有值得称道的水利工程。

（1）西北宁夏和甘肃河西走廊等地的水利工程。宁夏位于黄河流域的"河套"前套区，是一个南北长、东西窄的平原地带。这里水利资源丰富，土质肥美，是发展农田水利的好地方。河西走廊在今甘肃省中西部，北有龙首山，南依祁连山，弱水、疏勒等河流纵贯其间，山上雪水融化下流，形成片片绿洲，是大西北的富庶之区。另外，在今青海东北湟水流域一带，也是发展农业的好地方。

宁夏和河西走廊等地区，是古代匈奴、突厥、党项、羌等少数民族活动的场所，所以早期的开发和兴修水利，往往与屯田有密切关系。汉武帝派霍去病领兵出陇西大败匈奴，于其地置河西四郡；又派卫青收复宁夏河套地区，列为郡县。由是在汉唐之间的长时期里，这一带常由中原王朝管辖，并不时设置屯田。

百姓和军队要垦种土地，必须要开发相应的水利。宁夏的汉渠和汉延渠，相传便建于此时，其中汉延渠乃是利用秦代北地西渠旧有基础，重修扩展而成。唐代有唐徕渠，又名唐渠，其前身为汉光禄渠（光禄勋徐自为所开），可溉田4000余顷。此外还有长庆四年（824年）开的特进渠，溉田600顷；薄骨律渠，溉田4000顷。上述水渠，引用的都是黄河及其支流的水源。

在河西地区，汉时建有千金渠。千金渠又叫觟得渠，渠首引羌谷水（今黑河），然后西走汇合于今酒泉东南的一个沼泽中。千金渠往西有两条内陆河，一条叫南籍端水（今疏勒河），另一条叫氏置水（今党河）。两岸散落着不少农业点，均借二水耕种。唐代河西屯田最出名的是甘州（今张掖），原因就是那里的水利条件好，利用浊水（即弱水或黑河、黑水河）灌溉，可以种无不收。再就是凉州（今武威），水利灌溉也很发达。瓜州（今安西一带）的水渠都是融山间雪水灌田。在沙州（今敦煌），仅见于记载的灌渠就有七十多条。

在今青海，西汉宣帝神爵元年（公元前61年），将军赵充国击败先零羌，戍兵湟水两岸，挖渠引水屯田。东汉光武帝时，陇西太守马援又借湟水"开导水田，劝以耕收"。武威太守任延亦于其地"为置水官吏，修理沟渠"，以利屯耕。至和帝时，在湟水上游和黄河两岸散布的屯田点，竟多达34处。

在文献资料中，对于上述水利工程的载录，一般都比较简单，很多都不能说出具体的规模，但既然参加屯田的军民人数动辄几万、几十万，那么与之配套的水利工程也应是相当可观的。最大的问题是屯田受政治、军事因素干扰太大，所以水利的兴废变动也较大。

（2）河东地区水利工程。古代河东一般指今山西偏南黄河以东地区，唐代设河东道，相当于今山西及河北西北部及内外长城之间。这一地区水利工程出现颇早，汉武帝时曾试图开发河东水利，就近解决关中粮食供应，未取得预期效果。隋唐时期，这一地区水利有较大发展。隋开皇九年（589年），蒲州刺史杨尚希在西晋已有水利工程的基础上，引瀵水（在今山西临猗县境）并建堤防，灌田数千顷。唐贞观三年（629年），又有人在太原府文水县西北引文谷水修栅渠，使数百顷田地受益。后来开元二年（714年），有人再在县境东北引文谷水，开甘泉、荡沙、灵长、千亩等4渠道，其灌田数十万亩。在绛州，永徽元年（650年）建曲沃新绛渠；仪凤二年（677年）建闻喜沙渠。规模最大的是德宗时（780~804年）绛州刺史韦武主持修筑的引汾工程，据说可溉田130余万亩，使汾河为民造福。

（3）河北地区水利工程。古代"河北"泛指黄河下游的黄河以北地区。隋唐时期设河北道，辖地包括今天的京津二市和河北、河南、山东三省及辽宁一部分。这一地区的水利工程，除战国时代兴建的漳水十二渠外，汉魏时期最有名的是潮白河灌溉工程。

潮白河灌区在今北京郊区的密云、顺义一带，东汉初年由渔阳太守张堪主持兴修，据说能灌稻田80万亩，可见规模不小，当地人编了一首民歌："桑无附枝，麦穗两歧，张君为政，乐不可支。"反映了百姓对张堪关心水利事业的赞许。

在张堪兴办潮白河灌田工程后，再过200多年，有个叫刘靖的官员在今北京附近又创修了一个大型水利工程。曹魏嘉平二年（250年），刘靖发动士兵在湿水（今永定河）由山地进入平原的交接处，也就是今北京石景山附近修了一道高1丈、东西长30丈、南北宽70余步的石堰，叫戾陵堰，并开车箱渠引入拦截的河水。其渠尾与经过疏浚的高梁河相连接。渠的入口处建有水门，平时开闸引水，洪水时经堰溢流。车箱渠全长50里，可灌溉田地百万余亩。戾陵堰和车箱渠后来在西晋、北魏时多次重修。北齐时，幽州刺史斛律羡又进一步把灌区扩大到更东面的温榆河流域，直到唐代还在发挥它的效用。

有唐一代，河北道水利发展较快。据记载，这里共建水利工程56处，为同期各道的榜首。其中孟州济源县的枋口堰，溉田5000顷；怀州河内县的秦渠，溉田4000顷；蓟州三河县沟河塘及孤山陂，灌田3000顷，都是有名的灌溉工程。

自汉至唐，北方地区较具规模的农田水利工程，多以修渠垒堰、筑堤为主，并引用天然河湖之水。由于经验不断积累，在水的利用上不仅仅是浇灌田地，其他像洗碱、放淤肥田等等，也广泛得到应用，有的工程技术直到今天也不失为有价值的创造。另如排灌中常见的涵闸、隧洞、堰坝、渡槽等等，亦能使用得十分熟练、合理。这些都体现了整体设计水平的提高。还有在水利设施的维修、管理等方面，也都有一些新的做法。

 井灌的发展

北方少雨干旱，在一些引水工程不具备的地区，井灌具有特别重要的意义。

井灌属于地下水开发利用的范围，据传说，黄帝、伯益曾作井，近几十年来的考古发现也证实了中国早在殷商以前已出现了井。到了商周和春秋战国时代，水井的结构已相当完善，可以打深 6～7 米、直径 2 米左右的生活用井。井壁四围砌上一层井圈，有的井在底部安放木制井盘。井的用途，开始是供应日常饮用之需，后来才发展成浇灌农田，先是用于小片园艺性作物，然后扩及一般大田。这从文献记载和考古实物发现的水井取水工具中，可侧面得到印证。早期的取水工具是木桶或陶制的瓶瓮之类，用绳子穿引提汲，这不但费力，而且效率不高，所以多用于生活服务。以后有了桔槔。桔槔是利用杠杆原理上下取水，减少了人的劳动强度，效率也较手提为高。有关桔槔的记载，在春秋战国时期已经出现。有的书中还指出：使用桔槔灌园，一日之内可溉百畦，或溉百畦而不倦。很显然，这时的水井已广泛地用于浇灌园圃了。

到了两汉时期，北方的井灌已相当发达。从出土文物中发现有陶水斗、滑轮、水槽等物品。水斗、水槽等，一直到近代很多农村的灌园井旁还在使用。滑轮多用于桔槔提水不便或无法提水的深井，把绳套在滑轮上，取汲时也比较省劲。辘轳在物理性能上与滑轮、滑车颇相类同，但用力的方向有所改变。它也是用于井上的汲水装置，是利用绞动辘轳，把一头用绳索连着的水桶，从井下提上来。这比用滑轮直上直下，又前进了一步。北朝著名农学家贾思勰说：近郊良田30亩，凿井10口，再配上相应的辘轳、桔槔、柳罐（盛水容器，容积相当于1石），以浇灌菜蔬。由此可知，当时北方的井灌比较普遍。

北方的井灌到明清时期得到长足的发展。明末大科学家徐光启作《农政全书》，在"水利"卷中专门指出，在直隶（今河北）、河南一带，因缺乏地面水源，只有依靠打井才能防旱获丰收。山西多山，人们亦多开井用辘轳、桔槔灌田。有的官员还用贷银、贷粮的办法，鼓励农民在田头多多挖井。在河南，有人仿效古时井田之制，每地100亩，田边凿井1口，每井灌田20亩，四面再筑起深阔各1丈的长沟，旱则提井水灌田，涝则放田水入沟，是一种颇为良好的田园布置方式。

　　清代很重视开辟水浇地，因为它比一般旱地收成更有保障。山东的一些园田、烟地之所以不怕旱灾，就是因为仰仗有井可灌。当时直隶一带农民，把有井之地叫做园地。园地可种二麦（大麦、小麦）、棉花，以中等年成计算，每亩可收麦3斗，接着还能再种棉花等秋作，每亩收棉花70～80斤。至于无井旱地，不过种些高粱、黍、豆之类，平年亩收5～6斗，总计收获所得，井地是旱地的4倍之多。所以在农村，只要能力所及，都要凿井制水车，以取灌溉之利。康熙四十二年（1703年），清苑令因浚井3000口，受到巡抚李光地的褒奖。据乾隆朝统计，正定府所属藁城县，凿井6300多眼，晋州4600多眼，栾城3600多眼，无极3000多眼，其余如赞皇、元氏、行唐、新乐、正定、获鹿等县，也各凿井以千计。这些井大的可浇地50～60亩，中等30～40亩，小的也可灌田20～30亩。若以平均每井灌田35亩，统共凿井16000眼计，只正定府就扩大水浇地56万亩。在清代，直隶的水浇园地，位居北方诸省之首。

　　清代陕西推广井灌也成效显著，特别是康熙二十八、二十九年间，省内大旱，富平、澄城等县因井灌条件良好，农民得免外出逃荒之苦，从此在各府县地方官倡导下，掘井之风大开。据乾隆十三年（1748年）统计，西安、凤翔两府平原地区，已有各种水井6750余眼。可见开井得益的事实，已是多么深刻地嵌印到人们的心坎上去了。

元明清时期的京畿水利营田

元明清三代，北京成了统一国家的首都，是政治中心，但经济重心却在南方，每年的赋税主要取自长江中下游诸省，特别是供养皇室、官员、兵弁的几百万石漕粮，需要从那里源源供应。自明以来，漕粮要靠沟通北京与杭州的南北大运河承运，可偏偏运河某些地段的水文条件又很不好，政府往往要花费很大的精力，才能勉强保持运道通畅。这样，便促使一些人寻找办法，试图通过某种途径，以摆脱南粮北调的困境。在京畿兴办水利，增加粮食生产，被认为是可行之法。早在元代，丞相脱脱就建议，于京畿近地开发水利，招募南方人耕种，每岁可得粟麦百余万石，不烦海运漕粮而京师食足。明代水利专家徐贞明也强调："神京雄踞上游，兵食宜取之畿甸。"后来，清道光年间林则徐也发表了同样的看法。

注意兴办京畿农田水利的另一个原因是，包括永定河在内的海河水系，经常发生泛决改道，按照"水聚之则为害，散之则为利"，或"用之则为利，而弃之则为害"的原则，他们主张通过治水营田，获一举两得之利。清雍正时协助怡亲王允祥规划畿辅营田的陈仪，对此曾有很好的议论。他说：治理水害和营田相辅而行，与河川相连的沟渠洫浍排灌系统，没有一条不可以起到"行水"和"分水"的作用。他还说："吾使之用水以为田，即使之用田以分水，田成而水已散，利兴而害去矣。"陈仪这种看法，在当时是很具有典型性的。

元明清的京畿地区，相当于今天的北京、天津两市和河北省。京畿地区兴办水利，集中于京东、京南以及京西一带，而且常常以兴水田、种水稻的方式展开。

利用海河水系和有关淀泊之水种植水稻，至少在宋代已时见记载。他们开初多以屯田的方式，在今保定附近开渠引水种稻，以后又扩及一般百姓，在今河北南部和河南北部，"教民种水田"。不过因为当时这一带正属宋辽对峙的前线，常有征战杀伐之事，加上北方河泊水量有限，限制了稻田面积的扩大。以后金元两代，也不断有人种植水稻。在某些地方，甚至出现"粳稻之利几如江南"的情况。在元代，国家特别在保定、河间、武清、蓟县四地设"大兵农司"，经管水利营田，有的县还置有"稻田提举司"。

明代对海河水系的农田水利，虽然议论者不少，但由于朝廷态度消极，在相当长的时间里，并没有明显的成效。万历三年（1575年），工科给事中徐贞明向皇帝上疏，竭力主张开发海河等水系的水利。他的这一思想，在后来所著的《潞水客谈》中得到进一步的发挥。归纳起来，徐的治水垦田方案大体是：上游疏渠浚沟灌田以杀水势，下游多开支河以泄横流，充分利用淀泊蓄水，地势稍高处则仿效江南筑圩田，京东滨海地区建堤捍水，开辟稻田。可惜徐在参与一场政治斗争中失利，遭到罢官，他的主张也只好不了了之。

万历十三年，徐贞明重新被起用，任命为尚宝司少卿，不久便以监察御史领垦田使，督修京畿水利。这对他来说，因抱负能得实施，无疑是个大喜讯。徐走马上任后，立即选择京东永平府卢龙县滦河边进行试验，垦田39000多亩，同时沿潮河水系的密云、平谷、三河、蓟州、遵化、丰润、玉田等地，引水灌田。他还风尘仆仆地来往于海河水系的诸河道淀泊间，作勘察规划，准备将治水营田扩大到京南滹沱河沿岸地区。徐的下一步设想刚提出，便遭到当地豪强权贵的强烈反对，怕由此而损害了他们的既得利益。有的人还上疏进行弹劾，结果使徐贞明再次遭受挫折。

从此，徐壮志未酬，带着无限的遗憾，离开了充满是非的政坛。但徐的设想、徐的行动，开阔了人们的眼界，后继者不绝。万历三十年，保定巡抚汪应蛟在天津葛沽、白塘等地，招募百姓引水垦田5000多亩，以2000亩试种水稻，收到良好的效果，其用力勤并多加肥料者，亩产达到4～5石，高出旱田4～5倍或更多。汪还呼吁充分开发畿辅境内的易水、滹沱水、溏水、滏水、漳水及诸淀泊水利，按照"南方水田之法行之"。以后，董应举、左光斗、张慎言等人又先后在京东一带引水垦田，种植水稻。著名农学家徐光启，还自买田地，进行种稻试验。在政府官员们的倡导下，百姓见其有利，也纷纷仿效。当时有人曾说："三十年前，都人不知稻草为何物，今所在皆稻，种水田利也。"可见在明末短短几十年间，近畿州县，民间引水种稻有了很大的发展。

清代由政府组织、稍具规模的水利营田，有康熙朝天津总兵官蓝理倡导并带领京东军民垦田 10000 亩，试种水稻。大概是因为盐碱土地，加上各种措施跟不上，效果很不理想，年平均产量最高才 1.66 石，低的只有 0.41 石，连种子、工本都难以开销，所以种了 5 年，在康熙帝的谕令下，便草草停办了。

在水利营田中做得最有声势的是，雍正时由怡亲王允祥主持的工程。

雍正三年（1725 年），京畿发生大水，受淹州县超过百余个，灾情十分严重。朝廷认为出现这种情况的根本原因在于"水患未除，水利未兴"，乃命怡亲王允祥、大学士朱轼负责查勘，要求在开展治水同时，认真规划营田事宜。允祥和朱轼受命后，花了几个月时间，详细察看了京南、京东各州县，先后向皇帝上了《请设营田专管事宜疏》和《条奏营田事例四款》等奏疏，确定在解决泛滥河流水患的基础上，全面开展营田工作。

雍正四年，水利营田初见成效，在京东一带开出了大批稻田，计在玉田、迁安、滦州、蓟州等州县，由官府贷银垦辟稻田 15083 亩，又在安州（今并入新安县）、新安、任丘、保定（今并入文安县）、霸州、大城、文安等州县，有百姓自开稻田 56410 亩，两者合共 71493 亩，当年都得到丰收。成绩增强了承办者的信心，第二年便在原设水利道（负责水利营田事宜的专设机构）的基础上，再分设营田四局。

这四局是：

京东局：辖潮白河和滦河流域的丰润、玉田、蓟州、宝坻、宁河、平谷、武清、滦州、迁安共9州县。

京西局：属拒马河、大清河水系，有宛平、涿州、房山、涞水、庆都、唐县、安肃、安州、新安、霸州、文安、大城、任丘、定州、行唐、新乐、满城共17州县。

京南局：包括滏阳河、滹沱河以西的正定、平山、井陉、邢台、沙河、南和、磁州、永年、平乡、任县等10州县。

天津局：濒临渤海，是海河入海口，有南北大运河通过，辖天津、静海、沧州3州县，兴国、富国2场（在天津南面长芦盐场地）。

上述各局都设有正副官员和委员，负责与地方官协调兴办水利，并核报工程费用。在短短几年里，水利营田取得了相当成果，据《水利营田册》的记载：

雍正四年垦辟稻田13246亩（比前面说的数字小）

五年	264148 亩
六年	105366 亩
七年	60255 亩
八年	202 亩
十年	16978 亩
十一年	55819 亩
十二年	65292 亩

八年共辟稻田 581306 亩，其中官营者约占 57%，民营者占 43% 强。

在水利营田中，成绩突出者有：丰润县引陡河水辟稻田 40000 余亩；玉田县于后湖修筑围堤，垦田 50000～60000 亩；京南的平山县，因得滹沱河水灌溉，改旱地为水田者 42000 余亩。位于大清河两岸的新安县，围大淀淀为圩田，"引用河淀之流"，得水田 15000 亩，有"粳稻遍野"之称。还有像最南面的磁州，仅雍正五年农民自营稻田就达 10 余万亩。雍正年间的水利营田事业，自雍正八年怡亲王允祥去世后，因缺乏得力人员管领，迅速失去势头。乾隆初，畿辅大修永定河，但重点在防汛，与营田关系不大，而且连原有的本为营田建设的埝坝，亦因嫌其阻塞河道，水流不畅，而被拆除。不少稻田亦因缺水浇灌，重新又改为旱作。尽管如此，仍有不少水田保留下来，正像同治时有人所说：雍正水利营田，"阅今百数十年，渐有荒废，而沿河州县尚多植粳稻，永享其利，士民慨其遗踪，至今称道"。应该说，这个评价还是比较公道的。

自宋元起，特别到了明清两代，人们为了改变或减少南粮北调的局面，不断设想在畿辅搞水利营田，但效果都不明显。这除了社会原因外，最根本的在于海河、滦河等水系的水文条件不适宜种稻。据有关专家分析，这些河流流域，年平均降水量 500 多毫米，其中夏秋两季就占了 70%～80%，且多以大暴雨形式出现。从水道的地理分布状况看，以海河水系为例，诸水上中游呈扇形排列，然后逐渐收拢，下游汇聚于天津入海。每当大雨倾泻而下，来得快，泄蓄不及，易遭泛溢，可平时又因缺乏后续水源而难以蓄积。加上北方春秋时节短，水稻生长期相对较长。这些，都妨碍了大面积推广种稻。正如《中国水利史稿》所指出的："古代科技手段有限，畿辅营田有其复杂性和特殊性，值得进一步总结。"

四 南方地区的水利兴修

在历史上，人们一直把淮河至秦岭迤南的广大地域习称南方地区。它与黄河流域的北方地区，在自然条件及地理环境方面，都存在着较大的差异。南方气候湿润多雨，平原地带往往河湖密布、水量充沛，这就使南方的水利建设在很多方面与北方有着很大的不同。

 南阳和两淮地区的陂塘渠堰

在早期的南方水利建设中，今河南南阳地区曾占有突出的地位，其中最出名的当推六门陂。六门陂建于西汉元帝时（公元前 48～前 33 年），由太守召信臣倡导修筑。召在南阳重视农业，广筑陂塘沟堰。几年间，经其兴办的农田水利工程不下数十处，灌溉田地多达 30000 多顷，六门陂便是规模最可观的一个。六门陂或称六门碣，位于穰县（今邓州市）西门六门陂。建昭五年（公元前 34 年），召信臣拦截今白河支流湍水，开 3 门引水浇灌。平帝五年（公元 5 年），有人再増建 3 门，合成 6 门，因有六门陂之名。它的水量可满足穰县、新野、涅阳（在今邓州市境）三县 5000 多顷田地的浇灌需要。

约略统计两汉时期在南阳地区的水利工程，还有：钳卢陂，又作王泽陂，在今邓州东南 60 里，有东西中 3 渠，引白河支流万河水，灌田 30000 顷；马仁陂，位于唐县北，相当今泌阳县西北，水面宽 50 多里，四面山石壁立，西南方出水处建水门，分流为 24 堰，溉地 10000 余顷；召渠，也叫召堰，在唐县西；樊陂，在新野县西北，因樊宏兄弟兴筑而得名；豫章陂，在新野东南；上石堰、马渡港、蜣螂堰、沙堰，均建于汉水支流淯水上，称淯水四堰；三大陂，在唐州（今唐县）境；斋陂，在南阳县境。此外，还有上下默河堰、白水陂等。上述堤堰，多数出自召信臣和东汉初年的杜诗之手，当地百姓颂扬这两个人是"前有召父，后有杜母"。他们是关心百姓的真正父母官。

南阳地区的水利建设在唐宋时期兴筑频繁。唐高宗永徽三年（652 年）复丰山堰，武宗会昌（841 ~ 846 年）中，唐州刺史卢庠重修召信臣故堰，增良田 40000 顷。宋代仁宗嘉祐时（1056 ~ 1063 年），唐州知州赵尚宽按召信臣遗迹，复 3 陂 1 渠，溉田 40000 顷，又开支渠数十道以广效益，以至有"环唐皆水"的美誉。接着英宗治平年间（1064 ~ 1067 年），高赋继赵尚宽后，续作陂堰 44 处，辟田 33300 顷。在邓州城北 20 里左右，有美阳堰，引湍水浇公田，因为水源远，水势不旺，加上沿途豪绅盗堰偷水，周围

44

农民守着堰渠却得不到实惠。知州谢绛了解事实后，决定另辟蹊径。他根据六门堰遗迹，决定修引渠，聚水于离城 3 里许的钳卢陂。这项计划虽因谢去世而搁浅，但后来还是有人主持兴建，灌田达 10000 余顷。

两淮邻近南阳，早在春秋战国时已出现了不少小型陂塘工程。淮河上游的汝水和间水间有一大泽，名鸿隙陂。此项蓄水工程建于何时，已难于考证，只是在后来的兴废中却穿插了许多曲折的故事，因而更加出名。成帝时（公元前 32～前 7 年），关东地区（今河南等地）连遭水灾，包括鸿隙陂在内的很多陂塘，都容纳不了过多的积水，泛滥出来损坏农田。丞相翟方进因噎废食，竟下令平毁鸿隙陂，将水田改作旱地，认为如此可平息溢水，还可省去修筑堤堰的费用。但随后不久，天又连年大旱，大片田禾因缺乏灌溉而歉收甚至无收。有人作民谣唱道："坏陂谁？翟子威（子威系翟方进字）。饭我豆食羹芋魁。反手复，陂当复。谁云者？两黄鹄。"意思是：谁破坏了陂塘？翟子威。他害得我们只能吃豆饭、喝芋羹。一正一反重新权衡，应快快把陂塘再恢复起来。请问是谁告诉的呢？那是神遣来的两只黄鹄。东汉初年，邓晨任汝南太守。邓听从民意，找到了著名水利专家许扬，请他当称作"都水掾"的水利官，规划修复鸿隙陂。许扬按着地势高低，筑堤塘 400 多里，使鸿隙陂重新发挥效用，灌田达几十万亩。许扬修复鸿隙陂，使众多的百姓得到实惠，但因为它淹没了原陂塘内已经垦种的田地，这些大多是翟方进平陂后当地豪强乘机霸占的。他们不甘心失去业已得到的利益，借机会陷害许扬，将其投入牢狱。消息传开后，大家都很气愤，纷纷出力营救，使许扬冤情得以昭雪。后代人追思许扬的功劳，同时也是为纪念他为大众谋利而作出的牺牲，专门集资盖庙祭祀。

鸿隙陂只是两淮地区水利工程中较出名的一个。东汉永平五年（公元 62 年），汝南太守鲍昱目击境内因陂池失修而不断坏决，乃用石料建渠，并加固堤段，保证农田收成。和帝永元二年（公元 90 年），太守何敞改修鲖阳旧渠，增垦田亩 30000 余顷。在淮河上游的下邳县有蒲阳陂，水广 20 里，周围百里，灌田达 10000 顷，因长年失修堙废严重，章帝元和二年（公元 85 年），张雷就任该县职官，次年便率领百姓开水门，引水灌溉，很快成熟田数百顷，后来增至 1000 余顷。章帝建初八年（公元 83 年），庐江太守王景利用芍陂余泽，"修起芜废，教用犁耕"，垦辟倍增。曹魏时，邓艾在两淮屯田，亦大治陂塘，"穿渠三百余里，溉田二万顷"，做到"资食有余而无水害"。唐代在淮南的水利兴筑也颇可观，像江都县有雷塘、勾城塘、爱敬陂，高邮县有富人塘和固本塘，山阳县（今淮安）有常丰堰，宝应县有白水塘和羡塘，淮阴县有棠梨泾，乌江县（今和县境）有韦游沟，安丰县（今寿县境）有永乐渠，光山县有雨施陂。这些塘堰陂渠，大的灌田上万顷，小的百余顷，对发展周围农业生产起了很好的作用。

后来居上的太湖平原农田水利

　　由于历史等原因，在隋唐以前，长江以南的广大南方地区，经济发展水平一直低于北方。西晋末年，北方少数民族越过长城，大批向内地迁徙，迫使晋政权偏安江左，史称东晋。东晋建都建康，也就是今天的南京。于是，原居于黄河流域的众多著姓大族，携带部曲家丁，纷纷南奔，从而加速了江南地区的开发。唐朝中叶的安史之乱，给北方的生产造成严重破坏，与此相对，南方却因政治局面相对平稳而生产大有发展。大致从六朝开始到唐朝中期，中国的经济重心终于完成了由以黄河流域为主的北方，向以长江中下游为主的南方地区的转移。到了宋代，特别是南宋时期，南方的经济发展更明显地胜过了北方。其中走在最前列的，当推长江下游的太湖平原区。宋代出现的"上界有天堂，下界有苏杭"，或"苏湖熟，天下足"的传谚，便是明证。这与西汉时司马迁说的关中地区"量其富什居其六"颇有相似之处。宋代江南苏杭一隅的经济地位，与汉代关中平原一样，跃居全国之首，具有举足轻重之势。

　　太湖平原区的经济持续高速发展，除了自然条件外，也与该地区长期处于政治中心是分不开的。诚如前述，三国时吴和东晋以南京为都城，接着是宋、齐、梁、陈共六朝，270多年里，南京都是政治中心，太湖沿岸地区，正属近畿。那时，北方南徙的大量人户，很多集中于此。到了南宋，杭州又是都城，并从开封等地迁来大批人马。他们都在周围圈占田地，发展农业，这样又促进了水利事业的蓬勃兴旺。

东晋大兴四年（321 年），晋陵内史张闿在今镇江东南建曲阿新丰塘，费工 211420 个，事成后溉田 80000 亩，使每年都能获得丰收。吴兴乌程县（今浙江吴兴）因开挖荻塘，得溉田 10 余万亩。南朝宋元嘉二十二年（445 年），又浚京畿秦淮河，把 1000 余顷荒地变成熟田。梁大同六年（540 年），当局将吴郡所属海虞县更名常熟，原因是筑圩后，许多濒临长江的低田，从此免去江潮侵袭，雨涝时又能适时得到排泄，年年获得丰收，故有常熟之称。

到了唐代，特别是中唐以后，由于南方经济地位提高，国家费用多半仰赖于此。为了保证南方农业生产的稳定发展，政府对水利工程的投入重点已由北方转到南方，而太湖平原当然是重点中的重点。永泰时（765～766 年），由润州刺史韦损主持疏浚练塘。练塘在丹阳县北，周围 80 里，原是个很好的蓄水池。长期以来，因人们筑堤围堵，已很难发挥灌溉作用。韦损根据旧有规模加以恢复，丹阳、金坛、延陵（今武进县）三县田土均赖其利，百姓刻石称赞。升州句容县境有绛岩湖，后梁时，有人曾筑堤蓄水灌田，后年久失修，大历十二年（777 年），句容县令王昕在故堤基础上重加修整，围水面 100 里，立闸门，开田 100 万亩。再如贞元十三年（797 年），刺史于頔将湖州长城县（今长兴）境内的废西湖回复旧貌，灌田 10 万亩。

元和八年（813 年），刺史孟简开常州孟渎，灌田 10
万亩。穆宗时（821～824 年），著名诗人白居易任杭
州刺史，在钱塘湖大修堤防。钱塘湖就是今天的西子
湖。把西湖分隔成里外两半，便是白居易的杰作。后
人为了纪念他的功绩，便将此堤称作白堤。白堤的建
成，增加了钱塘湖的蓄水量，既保证了城内居民的日
常饮用，也能灌溉农田。当时钱塘、盐官（今海宁）
两县 10000 顷良田，靠的就是钱塘湖水。以后各代都
疏浚西湖，特别自南宋定都临安（杭州）后，对之仰
赖更深。正是由于人们的不断关心爱护，西湖终于成
为闻名于世的游览胜地。此外，在钱塘县稍靠西北的
余杭县，有南湖、北湖，唐代也曾进行过治理。像北
湖，宝历（825～827 年）中经县令归珧的疏浚，灌田
1000 顷，亦有一定规模。

宋代以后，太湖平原地区的水利虽频兴不断，但
占湖、占河以为围田的事例更加层出不穷，以致堵塞
正常出入水道，造成水患频仍。自宋直至明清，这一
带的很多水利工程，主要都是围绕通畅水道而进行的，
有关这方面的情况，下面在谈到圩田、围田时还要有
所涉及。

3 鄞县它山堰、莆田木兰陂和
会稽郡的鉴湖水利

前面已将太湖地区的农田水利突出地加以介绍，
是因为此地正像汉唐时期的关中地区一样，具有一定

的典型意义。其实在大江以南的其他许多地方，重修、扩修和新修的工程也是很多的。在《中国水利史稿》一书中，曾统计了唐代农田水利工程的地理分布情况，修筑最多的是江南道，有 70 处，其中灌溉面积在 1000 顷以上的有 10 处，各占全国总数的 27.7% 和 30%，两者均居全国第一。太湖平原区便属于江南道的管辖范围。此外，在南方地域的还有山南道、淮南道、剑南道、岭南道等。这些道合在一起，也有农田水利工程 56 处，其中灌田 1000 顷以上的 10 处，各占总数的 25.7% 和 30%。唐代以后，南方的农田水利事业在地区上更进一步趋向均匀化和普遍化，反映了其他地区的经济正在迎头赶上。

在南方的水利工程中，就技术角度而言，最得到专家们称许的，当推唐代鄞县（今浙江宁波市鄞州区）它山堰工程和宋代莆田（在福建）的木兰陂灌溉体系。位于杭州湾南岸会稽郡（今绍兴）的鉴湖水利，从灌溉效益来看，也很值得一提。

（1）它山堰工程。它山堰建于唐太和七年（833年），由县令王元玮主持设计修筑，目的是抵御咸潮侵袭，积蓄淡水以备灌溉。鄞县当时属于明州，甬江是明州的主要河流。它山堰所在的鄞江，系甬江的一个上源。鄞江从四明山区流出后，在鄞县开始进入平原。但因甬江江道狭窄，汇合上源诸水后，宣泄缓慢，每当枯水时节，江口咸水常常随潮上溯，造成鄞江沿岸水质苦涩，既难饮用，亦不能浇灌田禾，给百姓的生产生活带来很大困难。王元玮就任后，目睹此情此景，决心予以解决。他在认真考察的基础上，选择鄞江进入平原后不远的两山夹流处修建它山堰。堰用条石砌成，全长 42 丈，左右各有 36 级石阶。堰身中空，内用就地出产的大木作支撑。上游汇合的溪水顺石阶下泄后，分别流入鄞江和另一条人工河大溪（又叫南唐河）。在通常情况下，流进的水量是三分进江，七分进溪；雨涝时七分进江，三分进溪。在大溪的下游分别建有乌金、积渎、行春 3 座溢流堰，以便随时调控，将过多的水泄到江道入海。大溪的末端有日湖和月湖，具有蓄水库的作用，并可供应城内居民饮用。在大溪和日湖、月湖边，又挖了各种灌溉渠道，据说水量所及，可延伸 60 里路，受益农田达到万亩。

它山堰水利工程，是一项合灌溉、排涝、防咸潮和供城市居民饮用的多用途工程。从它的选址、坝体结构到整个排灌网络，设计完整，考虑细密，反映了当时的水利建设技术已达到了一个新的水平。

它山堰在后来各朝都有维修、扩修，其中规模最大的是宋理宗淳祐二年（1242 年）郡守陈恺在堰址上游不远处建三孔回沙闸，平时关闭闸门，使行进的来水形成迂回圈，有利于泥沙的沉淀；遇到洪水期，开放闸门，将泥沙冲出堰外。陈恺还改善了城内的排水系统，使之更加实用。另外，在明嘉靖十五年（1536年）和清咸丰七年（1857 年），也各有一次较大的修治。关于它山堰的维修管理情况，宋代人魏岘还专门写了一本书，叫《四明它山水利备览》，在今天还有参考价值。

（2）木兰陂。木兰陂的修建也是为了抵御潮水，灌溉田地。原来早在隋唐之际，福建沿海百姓已不断有人进行围海造田的活动。贞观（627～649 年）中，观察使裴元之在泉州莆田县海堤内挖了个大池塘，溉田 1000 余顷。但因水塘容量不大，稍遇天旱，就会无水可灌，碰到暴雨飓风，海潮猛涨，或山洪下泄，就会冲毁堤塘，淹没禾稼。所以长年以来，确保莆田沿海地区的正常生产生活，一直是人们关切的话题。

宋英宗治平元年（1064 年），有一个叫钱四娘的长乐妇女，首先发起修治活动。她计划在木兰溪上筑起堤坝，然后再开渠引水灌田。木兰溪是一条由莆田县流入大海的河道，上源汇集了许多小溪。钱四娘选择在木兰溪出山不远的将军滩上建坝，历时 4 年才告成功。不料一次暴发大山洪，将坝冲毁了。钱四娘也为此献出了生命。随后，有进士林从仕于距海较近的温泉口筑坝，却遭到海潮的冲击，再次失败。

神宗熙宁八年（1075 年），侯官人李宏继钱、林之后，决心进行第三次试验。他在僧人冯智日的协助下，吸取前两次的惨痛教训，在设计施工前作了细致周密的调查，然后将坝址选择在将军滩和温泉口之间的木兰山旁。这里河面较宽，水流缓慢，两边有山夹峙，可以对山洪起某种阻挡作用，而且河底的地脉，也坚实稳固。兴筑的木兰陂有 32 孔道，先在溪底筑起一道石塘，然后再在上面砌成一个个石柱，柱塘相连处都采用犬牙交错、互相钩锁的办法，务使屹立牢固。工程历时 8 年，于神宗元丰六年（1083 年）胜利完成。

建成后的木兰陂，西边可积蓄从上游诸溪的来水，东边则能抵挡海潮的侵袭，使溪南 10000 顷田地有了充足的水源。后来元代又加以扩建，把水引到北岸，形成了一个完整的木兰灌区。

莆田的木兰陂工程，一直完整地保存到现在，很多水利专家在实地考察后，无不对八九百年前的这项设计巧妙的工程，表示由衷的赞叹。

（3）鉴湖水利。会稽郡鉴湖北临杭州湾，南靠会稽山脉，东西又夹着曹娥、浦阳两江，整个地势是北低南高，每逢多雨时节，山水下泄，或钱塘江潮盛发，此地因排泄不畅，常常形成泽国。为了杜绝水患，变害为利，人们曾作了种种努力。东汉时，会稽太守筑起一道长堤。此堤东起曹娥江畔，西迄西干山东麓，蓄水成湖，名鉴湖。鉴湖长堤既防止了北边潮汐的侵袭，又使南面山水有储存之地；既减少了水患，亦能灌溉农田。东晋时，又有人开水门 69 所，及时启用，进一步改善水利条件，达到灌田 100 万亩的水平。隋唐以后，人们仍不断有所兴筑，如：大历十年（775年），于会稽、山阴两县间，培修鉴湖堤塘 310 里；贞元元年（785年），观察使皇甫政又筑越王山堰；元和间（806～820年）观察使孟简于山阴县北开新河，又于县西北开运道。其后，又有陆亘置新径斗门。正是这种不遗余力的维护加修，使鉴湖形成"圜境巨浸，横合三百余里，决灌稻田动盈亿计"，且"无凶年"的极好水利工程。到了两宋，围湖造田之风日盛，鉴湖本身又因会稽山脉水土流失，泥沙不断填淤，湖床渐高，使围湖造田得逞，局面已大不如往昔了。即使如此，鉴湖周围仍是南方农业著名高产区。

 4 围田和圩田

在长江下游和太湖平原区，地势低下，东面临大海，腹地的河流湖泊又交叉纵横，所以从很早开始，人们就把筑堤防水作为保证农田收成的重要手段。中唐以后，江南地区的人口密集程度迅速增大，而沿河、沿湖的低洼地区又是土质最肥美的处所，为了得到更多的耕地，人们就把目光盯在广阔的水面上，纷纷拦水围田。

根据史书的记载，早期的围垦活动与军屯有密切的关系，因为要筑堤设堰，只靠一家一姓的力量很难独立完成，而军队劳动力密集，且有一定的强制性，便于集中力量完成较大型的工程。围田和圩田，在性质上是相同的。当时有人就说：圩即是围。但据某些专家的看法，围田和圩田仍有区别。筑堤围田是比较初级的、自发性的行动，从江南开发伊始便已出现；圩田是和灌溉系统互相配合的有机组成部分，是在大平原上开发建成的。宋朝人杨万里对圩田作了如此描述：江东水乡，于河岸筑堤挡水，把田围在中间，这便是圩。又说：圩就是围，是里面围着田，外边又围着水，河的水平面高于低洼的田地，使田好像处在水下一样。所以沿堤必须设置斗门，每座斗门都有畅通的渠道以灌溉田地，故圩田只有丰年而无水患。杨万里说的江东水乡，系指今沿长江的江苏西部和安徽一带，是产生圩田较早也较典型的地区。圩田出现于唐朝后期，五代的吴越期间已十分普遍，到了南宋更有新的发展。

为什么圩田的排灌设置比围田完整、系统？原因是早期的围田是在人稀地广情况下进行的，没有侵犯到自然水面和水系的完整性，蓄洪排涝也很方便。随着人口的增加和对土地需求程度的增高，与水争地的事也愈益增多，最先是开垦低洼沼泽地，后来就发展到围湖围江。于是，一方面是围垦的田地更加连片集中，另一方面垦殖与排灌的矛盾也更突出。为此，人们便把原来的堤岸沟洫加以扩展，变成塘浦，然后又设置闸门，控制排灌。圩田就是为适应这一新的需要而出现、发展起来的。

五代十国的吴越时期，政府在继承唐后期塘浦圩田的基础上，进一步采取措施，使之更加完善化。它针对围田对自然水系所造成的破坏，加强了对太湖和沿江诸水道的治理，保证通畅顺流，特别对流向大海的吴淞江、娄江和东江，更是重点加以疏浚，并对各干支渠道、海口及圩堤之间，普遍设置堰、闸、斗门，据说仅秀州（今浙江嘉兴）海盐县一带，就有堰坝近百所。为了管理和养护水利工程，吴越政府专门设置了"都水营田使"，下辖撩浅军，任务是疏浚塘浦、修堤筑堰、护理航道，另外还承担罱泥肥田、除草种树和养护道路等工作。撩浅军的人数约万人，分路驻扎行事，直到宋灭吴越前夕，还一直在坚守工作岗位。

宋代圩田的第一个特点是地域扩大了，除原太湖周围地区外，还扩展到今天的安徽沿江一线、钱塘江、杭州湾南岸。今苏皖地区，是人们筑围造田最热门的地区。像宣州宣城县有圩田 179 处，太平州 445 处，上元县圩田 203983 亩，江宁县 187324 亩，溧阳县 31776 亩，溧水县 291109 亩。其中当涂、芜湖、繁昌三县，圩田数竟占到全部田土的八到九成。

宋代的圩田有官圩和私圩之分。官圩多由政府出面支持建立，所以规模大。像嘉祐六年（1061 年），政府为修筑芜湖以东的万春圩，曾出粟 30000 斛、钱 40000 缗，募集宣城等县贫民 14000 多人，历时 40 天，才告完成。万春圩堤围长 84 里、宽 6 丈、高 1.2 丈，堤背上种植桑树若干万株，堤内共有田 1270 顷，开有 5 座水门，圩中有一条长 20 里、可并行两辆车子的大路，还栽种了柳树以便通行。万春圩可看作当时官圩的典型。其他像宣州（今安徽宣城）化成圩，水陆地 880 余顷；建康（今南京）丹阳湖和城因湖之间的永丰圩，长、宽 50～60 里，有田 950 多顷，规模也十分可观。至于私圩，限于人力和物力，在规模上无法与官圩相比。

宋代圩田的第二个特点是在技术上也比以前提高了，整体规划更加合理完善。在圩田建设中，围堤的作用十分重要，因为它牵涉到境外的河水、湖水不致冲毁侵蚀圩田的问题。宋代的围堤一般都改成由内外两层组成，外层叫大埝，内层称小埝，互为依借，使围内更安全可靠。每块圩田都有一定的基本工程，圩岸上种植成排的榆树、柳树，圩岸下则种芦苇（也有种柳树的），用以保护岸脚。圩内有纵横交错的沟浍，把田分成多个小区，每区大约100亩，还有像前面介绍万春圩时所说，有宽阔的道路和随时启用的闸门、水涵、斗门。农户们耕种圩田，多用小船运载，十分方便。

宋代圩田的第三个特点是有严格的管理制度。由于圩田的田面都是在水的包围之中，所以必须保证堤岸万无一失。特别是每年二月的桃花汛和七月秋汛，更是对岸堤的一种严重考验。为了使圩田能及时得到维修，通常都设有圩长，每年秋收后或农闲时节，圩长便召集农户，对堤岸、水闸等各种设施进行检查修补。地方官员领有"兼主管圩田"、"兼提举圩田"的头衔，用以加强监督。

圩田的土地肥沃，又能旱涝保收，有位诗人写诗说："一溪春水百家利，二顷夏苗千石收。"照此看来，每亩平均产量可达到5石。当然，诗人写诗，往往要掺入浪漫色彩，但圩田产量要高于当地一般农田，这是肯定的。在圩田集中的地区，政府的财政收入也大大增加。两宋的税收大半仰赖于江淮，应该说与这地方圩田的高产、稳产有重要关系。

由于圩田的经济效益好，一些有权有势的人家，常常把目光盯在抢夺争垦圩田上。他们只图自身得利，不管水道是否顺畅，四方有无妨碍，盲目围湖拦水造田，造成了十分严重的后果。宣城童家湖，是徽州绩溪与广德军建水和平水汇合的地方，水面辽阔。徽宗政和年间（1111～1118年），有豪绅围湖造田，以后又有人效仿，不断筑圩，打乱了正常的水路，以致每到涨水时节，近旁田地频频遭殃。前面提到的永丰圩，便因横截水面，影响通泄，时间越久，毛病越多，终致害人害己，利反成害。在沿太湖的苏州等地，北宋初年因漕运需要，把原来的圩堤围堰系统扰乱了，后来虽陆续治理恢复，也只是治标而已。到了南宋，此地掀起围垦高潮，局面就更难以收拾。在围湖活动中，造成后果最严重的是，有些人专钻水利失修、塘浦残缺的空子，获取私利，结果把本来已趋饱和的圩田体制，搞得更加支离破碎。宁宗庆元时（1195～1200年）袁说友说：浙西围湖千百成亩，远近相望，把仅存的陂塘浅渎几乎都垦辟出来了，以致盛水时找不到存储之所，干旱时又无水可灌，若不严禁，愈演愈烈，根本谈不上有丰年之说了。滥围滥垦，违背自然规律，必然要遭到大自然的惩罚。这是个很严重的教训，很值得后人吸取。

唐宋时期兴起发展的塘浦圩田，到了明清两代已更多地转向皖北巢湖沿岸和偏西的鄱阳湖区。皖北东起滁州，西及沿巢湖各州县，到处圩田密布。只巢湖流域，就有大小圩堤上千处。江西鄱阳湖区圩田遍及南昌、新建、建昌（今永修）、德安、星子、德化（今九江）、湖口、都昌、鄱阳、余干、进贤等10多个县。像南昌县，明代共有官圩89所，私圩26所。万历十五年（1587年），进贤县修永乐圩，筑堤数万丈，内分子圩 48 处，绵延达 100 余里，随后又筑圩 8 处，建堤 14000 余丈。还有像新建县建 160 圩，堤长 20 万丈，都是圩田比较集中的处所。清朝初年，人们鉴于明清之际的战乱，圩围废弛，遂尽力修复旧有圩堤，但也有不少新的兴筑，并着力于把各小圩连成大圩。及至清晚期，南昌县"全境四达，殆无无圩之田"，南康府建昌县沿湖地区，圩田"如蜂房累累，蚁蛭鳞鳞"。明清时期在鄱阳湖区等地的围垦，虽没有像宋代在长江下游太湖平原地区造成的严重不良后果，但圩田日多，造成流水不畅而引起水灾频发，这也是值得重视的。

5 堤垸和垸田

堤垸、垸田集中于长江中游的江汉平原和洞庭湖区。它形成于宋，明清两代进入盛期。垸田也和圩田一样，属于围江围湖的产物。大概在唐宋以前，这里的河湖分布远比后来要多得多，夏秋霖雨，江湖泛涨，水连天际，一望无边；冬季水涸，露出片片陆地，与江湖相间，形成草黄水蓝的水乡风貌。人们要开发利用这块土地，首先碰到的是水的问题。也就是要筑堤障水，建立有效的排灌系统。堤垸和垸田就是这样出现的。垸田的叫法很多，有的地方叫堤，也有的叫围，或称障坨、坪等等，都是名异而实同。垸田的兴起，开始亦与军屯有关，后来才扩及民间。

垸田差不多都建于江湖沿边因泥沙不断堆淤而形成的浅水区，然后建成堤防把水隔在外面。大致湖北地区筑堤，多是为了抵挡江水以保护围垦的田地；在湖南，修堤的目的是为了围湖以变田亩。所以南北二地，堤坊的修筑形式也有所不同。在湖北，都是面对江水，几百里连成一线；在湖南，大的几百里，小的2~3里，均成围圈状，一个连着一个，名义上是堤，实际上就是垸。

垸田发展在明代已相当普遍，湖北潜江、沔阳和湖南的华容等州县，都各有堤垸 100 余处，每垸都设垸长、小甲等职，以促进保护和维修工作。明清之际的长期战乱，曾使两湖地区的堤垸遭到很大的破坏，直到康熙（1662~1722 年）中期才逐渐恢复。清朝政府为了加速堤垸的恢复进程，还动用官银督促修建，于是又有官垸和民垸的分别。像湖南洞庭湖区，明代有垸田 400 余处，康熙时增加到 500 处，而且由湖的偏北处扩展到南边各州县。湖北的数目更大，仅据潜江、沔阳、天门、汉川、江陵、孝感、黄陂、枝江等 8 州县统计，就已达到 1907 处。由于围垸势头过猛，出现了与水争地的局面。为此，政府曾下令制止，可堤垸的数字仍在增加。汉川县乾隆时堤垸 44 处，至道光（1821~1850 年）、咸丰（1851~1861 年）间已达到 301 处；天门县由 109 处增至 169 处，江陵县由 150 处增至 351 处。还有湖南益阳由 108 处增至 137 处，沅江由 98 处增至 124 处，都是明显的例子。

与圩田、围田一样，垸田也是土地质量最高、最肥沃的地区。自明代中叶起，已有"湖广熟，天下足"的说法。这种情况到了清代更是流传广泛。堤垸农田的发展不但对繁荣两湖的经济产生了巨大的影响，更重要的是对全国也关系重大。明清以来，东南沿海地区商业、手工业兴盛，城市和中小集镇不断发展，以及农业中经济作物比重增加，东南沿海地区已由余粮区变成缺粮区，每年所需米粮，多从两湖等地输入。两湖已成全国供应商品粮最重要的基地。据估算，大概在雍正（1723～1735年）、乾隆年间，两湖米谷沿长江贩至江浙等省，年可达1200万～1500万石。这应该说与江汉平原和洞庭湖区堤垸农田的发展有密切关系。

垸田农业的发展虽然对两湖的经济繁荣起了促进作用，但同时也在不断吞食蓄水容积和行洪通道，招致水利恶化的严重后果。这是因为无节制地筑堤围垸，使水的供蓄关系失去平衡。从明代后期已看出某种苗头，到了乾隆时问题已相当严重。在当时，围垦所及，已不只限于大江大湖的沿边浅水滩淤地段，甚至连面积只有几亩的小水塘和一些小溪小涧，也都截流围垦成田，造成上游来水既少宣泄之途，又乏蓄积之库，于是只要水文条件稍有变化，水旱灾害便会随之袭来。为了制止愈来愈恶化的情势，清朝政府曾颁令禁止在各滨湖地区筑堤垦田，还在某些地段实行退耕还湖的做法。可惜这些有益的措施未能有效地坚持下去。其实即使在当时，也不断有边颁禁、边违禁的事。到了清末，因为外患频仍、内政不修，国家更加无法制约了。

当时，问题最严重的莫过于作为长江蓄水池的洞庭湖。本来在明代中期以前，当长江进入两湖平原地带后，每逢洪水时节，水流不但向南可进入洞庭湖，在北边也有不少湖泊可作宣泄之用。后来，北边的穴口全部淤积堵塞，分流的水只能泄向南面，担子几乎都落到洞庭湖的身上，从而使入湖泥沙剧增，加快了湖区淤积的速度。这又给筑堤围垦提供了难得的机会，而围垦的滥和乱，反过来又加速了蓄洪湖区的萎缩。据有的资料记载，清朝初年洞庭湖的水面还有 6000 多平方公里，到了清末已缩小到 5400 多平方公里。如此辗转相连，形成一种恶性循环。尽管人们大声疾呼要"废田还湖"或"塞口还江"，但因牵涉到方方面面的切身利害，真是言之者易，行之者实难。

6 广东的堤围

堤围亦称基围，也是筑堤防水以作耕垦的一种形式。之所以叫做堤围，就是围出的田地都是大小不等的堤圈，在形制上更多地与两湖垸田相近似。堤围的兴起和发展，也是和水利建设关联在一起的。

广东的堤围主要集中于珠江三角洲的冲积平原上。珠江由北江、东江、西江 3 条主要支流组成。当各支流汇于珠江入海时，随流水而来的泥沙也在不断填充着江边水道和海口，使滩涂不断向前扩展延伸。大概从宋朝开始，已有人筑堤以围垦土地。明清两朝，随着珠江流域人口迅速增长和广东经济的发展，兴建堤围也进入高潮。

堤围的布局，一般是在淤积的沙土上筑起高 1.4 ~ 1.5 丈、宽 2.7 丈的堤防。开始的堤防多用土垒，后来逐渐改成石砌，或土塘之外再包上石块，务求坚实，不怕风浪拍击。为了防洪护田，沿堤都建有涵洞闸门，当地人叫做"窦"、"涵"。有的"窦"、"涵"用长大方砧石或生松、紫荆等质地坚韧的木料砌筑，也有的地方用建石桥以替代涵洞，十分精致讲究。

每区堤围，大的可到 20 万 ~ 30 万亩，小的 100 余亩、几十亩。涉及地域，北及北江和滨江汇合处的清远县，然后顺次达三水、顺德；西江从高要（今肇庆）起到新会县的崖门口（今属斗门）；东南由归善县（今惠安县）起，至东莞县的东南。据清末三水、南海、顺德三县的统计，共有堤围 102 处，是珠江三角洲中堤围比较密集的地区。另外，在粤东的韩江流域下游的潮阳、澄海等县，也建有不少堤围。大约到清乾隆中后期，堤围已扩及雷州半岛以西的廉江、钦江下游沿海地区了。

在珠江三角洲的堤围中，位于西江、北江交接处的桑园围是很有代表性的。它地连南海、顺德两县，宋徽宗大观年间（1107 ~ 1110 年）已开始修堤，经后来不断完善扩充，到乾隆时，共建堤围 14700 余丈、涵闸 16 座，围入田土 18 万亩。围内又分成 14 个堡，互有子堤隔开，各都设有良好的排灌系统。桑园围还有一套严格的组织管理体系，负责堤岸闸门维修检查等事务。为了详细阐明桑园围的沿革和各规章要旨，还编辑有《桑园围志》、《重辑桑园围志》。桑园围的发展历史和与之配套的管理体制，在同类农田水利工程中是很具典型意义的。

明清时期广东堤围的发展，虽然也有挤占水道等种种问题，但整体而言，还是产生了巨大的经济效益。在围田内挖塘养鱼，用塘基增厚土层，防涝防潮，还在塘基上种植果树，叫做"果基鱼塘"，以后又繁衍派生而有"桑基"、"蔗基"、"稻基"、"菜基"等，并逐渐总结出"三基七水"、"四基六水"和"四水六基"等不同水和地的比例。明清时期的珠江三角洲和浙江太湖平原、四川成都平原（都江堰灌区）、两湖沿江沿湖区等地一样，成为全国水利网络完整、农业生产发达的地区。

7 山区的水利开发和
不慎而致的水患

从明代中后期起，特别到了清代，由于人口的迅速增长，除边疆外，广大平原和江河谷地，几乎开垦殆尽，于是向山区进发，便成为一股愈来愈迅猛的潮流。正如有人所说："田尽而地，地尽而山，山乡细民，必求垦佃，犹胜不稼。"当时像浙南、皖南、闽西、赣南、赣西北、粤北、湘西、鄂西、陕南，以及贵州、四川、广西、云南等山区，都成为无地少地农民移垦的处所。大批农民进山开垦种地，同时促进了山区水利的发展。

在农田水利建设中，从自然条件而言，南方比北方有利，首先是降雨量充沛，雨量的季节分布也较均匀。不过山区毕竟不同平原，因为水是从高向低流的，一些溪流河沟大抵途短流急，水势起落大；有的则是大江大河的源头，水浅流细，且多险滩。碰到大雨暴雨，山洪骤发，沙土泥石便滚滚而下，甚至填塞溪涧塘沟，造成水土流失，可天晴稍久，又有缺水无水之叹。所谓"三夜月明齐告急，一声雷响便撑船"，便是山乡水文面貌的极好写照。这样，如何排灌有序，使洪涝时排得出，无雨时蓄得住，便成为山乡水利建设必须考虑的事情。

明清时期山区的水利建设，表现得最完备的，莫如梯田。梯田就是利用山丘自然坡度，改造成的一层一层的阶梯状田面。虽然每层的宽度不可能太大，但都保持了相对的平整，有的还用土或石垒成田埂，稍有霖雨，不致沙石俱下，既保持了水土，也便于引水灌溉。建造梯田，往往与一定的排灌设施相联系。

中国的梯田出现很早，至少在唐代已有记载。宋人杨万里的诗中有"翠带千环束翠峦，青梯万级搭青天。长淮见说田生棘，此地都将岭作田"，便是描写梯田的。还有像"泉溜接溪自上而下，耕垦灌溉，虽不得雨，岁亦倍收"、"垦山陇为田，层起如阶梯然，每引溪谷水以灌溉"等记载，说明在两宋，南方山区的梯田设施已相当完备。进入明清以后，凡垦种较久，山坡较为平缓，有一定水利条件的，差不多都建梯田，而且排灌设施也更加巧妙精当。像湖南湘西诸府州县，山多田少，农民在山坡平缓处层层开田，然后随地开挖池塘陂堰，用水车或筒车、桔槔灌田。也有在山坡高峻处垒石成坝以接泉源；一些水力不济的地段，剖开长竹，把它们一根一根连起来，架成竹渠，盘山跨谷取水。在江西，截山港小溪流水，筑坝为陂，潴水为塘，以资灌溉；一些较大的工程还要堵截山谷作塘。浙南山区的梯田也不少，因为多用山水灌注，所以有"田浇峰顶雨，山拥马头云"的说法。福建叫梯田为"磳（音 zèng）田"，每层用石砌田埂，远望如片片鱼鳞，加上水泉如练，煞是好看。

明清时期山区水利建设的兴盛，从各地重修、新修和扩建的各种陂塘沟渠的数量上，也可得到明确的印证。自明正德（1506～1521年）到万历（1573～1620年）间，仅江西分宜、宜春、萍乡、万载、玉山、南城、南丰、广昌、安江等9县，就陆续兴修大小陂塘1130余处。湖南麻阳县，明万历时兴筑陂塘40余处，攸县有13处筑于明代、11处修于清代。陕南山乡渠堰绝大多数建于清代，像南漳共有135处，灌溉田地14万余亩；西乡县41处，灌田近8000亩；汉阴县官渠19处，民间私堰数百处，灌田数十万亩；商州灌渠311条，溉地10000余亩；等等。从这些有限的例子中，已可看出明清两代，人们为开发山乡，在水利事业上投入了很大的力量。

山乡的水利建设，不只是扩大了耕地、缓解水旱之灾，还改善了田地的质量。原来漫坡耕作，因为缺少浇灌，播种后收多收少或者不收，完全靠天而定，而且只能种粟、谷、玉米、洋芋之类的旱作物，地称下等或下下等。有了灌溉之利，修了梯田，很多土地便可种植水稻，加强轮作复种，产量也提高了。不但如此，人们利用山水下流，安上碾磨等，舂米磨面，从事各种农副业活动，大大地丰富了生产生活的门路。

明清时期的山区水利事业，很多是由地方官集工创修的，但不乏靠一村一姓或某一地主集资兴筑而成的。前面提到的汉阴县数百处民间私堰，便属此类。从工程规模上看，除少数是灌田万亩左右或数万亩的较大工程外，多数是只灌田几百亩、百余亩，乃至数十亩的小塘小渠，这与山区峰峦相隔，难以形成相互连通的较大灌区和当时的社会环境有一定的关系。由于山区的水利工程不少须建在山上或山腰之间，有的还越谷凿崖，工程付出的辛劳常常比平原建坝筑堤不知要大出多少倍。江西萍乡县修九兴社石陂，开高 1~2 丈的水渠几十里，中间要穿越几座高山，凿石而行，先后经营了 10 年，才得告成。湘西永绥厅的水利工程中有穿山峡、赶山鞭、过江龙等名目。穿山峡就是在山腰中开凿峡道，引来流水；赶山鞭则沿山开沟，让水奔腾而下，直泄田头，形似赶鞭；过江龙是在两山间架上几丈长的木槽，把此处水引至彼处，颇像蛟龙过江。每项工程，都要花费大量劳力。溆浦县修建千工坝，因为难度大，竟历时 18 年，始得成功。至于由民间创办的水利工程，虽花不起如此大的力量和时间，但也非一朝一夕便能完成的。

明清时期山区的水利建设，尽管成绩不小，但因进山农民人数不断增加，近溪沿水之地多已开发。不得已，他们只好向更加荒远的危岭绝壁进发。这些农民多数缺乏工本，无力修梯田、筑塘陂，而且有的山崖也无此条件去做，于是，只好采取烧林垦荒、沿坡漫种的原始耕作方法，破坏了原生植被，造成水土流失，使本来比较脆弱的山区生态环境，不断遭到摧残，同时也给山区的水利事业带来损害。

浙江宣平县是一个偏远多山的县，清乾隆晚期，一些安徽人移居此地，租山种植玉米等杂粮。当地居民见玉米耐旱、容易在山地成活，纷纷效仿。因为都是粗放式的随坡漫种，几年过去，土松石出，每遇大雨，山石随势下坍，垫塞溪涧。特别是嘉庆五年（1800年）那场暴雨，溪流、水塘都被沙石填满，无法蓄水，连山下的田禾灌溉、人畜饮用都发生困难。同样，在余杭县，也因闽粤蓬民（也叫棚民）开山种地，山上沙土随雨水进入河道，堰溃港淤，造成农田水利的祸患。

在安徽徽州等地，本来山多田少，人们全仗蓄积溪涧流水进行灌溉。自从棚民进山以后，农业耕地扩大了，可溪涧渠堰却被山上倾泻下来的泥沙所填堵。平原谷地的农田无水浇灌，以致连年歉收。据有人估测，这种损害，几十年都难以恢复。

地处鄂西北的房县，居万山之中，林木阴森茂密。从清初开始，不断有人进山毁林种田，至嘉庆、道光时，进山的人越聚越多，眼看着一座座青山变成秃岭，裸露的山石沙土失去保护，随同雨水下流。山下农民害怕田地被毁，只好修筑堤防抵挡，往往是工未成水便至，结果熟田没于河洲，膏腴之壤竟为石田，连政府的钱粮也收不上来。

陕南的西乡县，本来有较好的水利设施，每当夏秋暴雨，山水突发，可以通过东沙等 5 条干渠引入木马河安全流出。乾隆以后，也因群山多被开垦，沟渠失去效用，灾祸频频发生。道光六年（1826 年）一场大水，不但民房遭淹，连兵营和官员的衙署也被冲坏了。又如紧靠长江边上的四川巫山县，也是乾隆以后开山者增多，沙土下滑，堙塞水流通道，将下坝、中坝两个地方汇成沼泽巨浸。道光四年，百姓呈请恢复，历时两年半，花费白银 14000 多两，刚刚种上庄稼，道光十三年，又是一场大水，使辛劳的成果再次成为泡影。

以上都是从清代地方志中抄摘的片断材料，可以看出，大量无节制地开垦山地，对山林的破坏，对河渠及水利设施造成的危害，是非常严重的。为了制止此种情况的蔓延发展，朝廷和各地政府不断颁发告示，禁止百姓进山开荒，或实行限时退耕，有时还直接加以驱逐。这些措施，只会起暂时抑制的作用，但无法最终解决问题。因为农民之所以成批进山，根本原因是传统的平原农业区已无更多的耕地供其耕种生活，而城市和工商业的发展，又不足以容纳这些愈来愈多的过剩、半过剩人口。只要这一矛盾存在，农民进山的潮流就很难遏制。在开发利用山区中，如何把水害变成水利，这既有科学技术的问题，同时也涉及社会方面的许多因素。这些问题至今仍颇有现实意义，是很值得人们探讨的。

五 黄河水患和治河

　　黄河是中国第二长河，发源于青海省巴颜喀拉山北麓，然后蜿蜒曲折地流经四川、甘肃、宁夏、内蒙古、陕西、山西、河南，最后在山东注入渤海，全长5464公里，沿途的支流有大通河、无定河、延河，汾河、洛河、渭河、伊洛河、沁河等大小40多条河流，流域面积752443平方公里。黄河流域是世界上为数不多的古文明发祥地之一，是中华民族产生发展的摇篮。我们的祖先曾在这块黄土地上衍化出了无数威武雄壮的场景和一个又一个可歌可泣的故事。黄河，它哺育着中华民族成长壮大。

　　黄河是一条含沙量很大的河流，洪水的涨落又异常迅猛。其雨量的季节分布很不均匀，一年三分之一的降雨量都集中于夏秋之际，且多以暴雨形式出现。因此，每当雨霖时节，水势猛涨，河床无法容纳，便会发生泛决之事。黄河的灾害，绝大多数发生在中下游地区，也就是今天河南以下的省份。这是因为黄河在经过上游的草滩峡谷和中游的黄土高原以后，到了下游就是宽阔的平原地带，河道变宽，水势变缓，从黄土地上带来的大量泥沙，逐渐沉淀淤积起来，以至河床高出于两岸陆地，变成悬河。这就造成河道易溢、河床易变的不稳定状态。因此，围绕着黄河泛滥改道，我们的祖先从很早时候起，便开始了防洪修治工作。这既有成功的经验，也有失败的教训。一部治黄史，也就是中华民族与大自然展开斗争的历史。

有关黄河的泛滥、决口和改道，在中国史不绝书。据有人统计，从春秋战国时期起的 2000 多年间，黄河的泛滥决口多达 1600 多次，实际上这并不完全。更据有的学者估算，可能平均每年即有 1 次，也就是超过 2000 次，当然，这中间有起伏间歇，但总的趋势是越到后来泛滥决口越频繁。

早期的河泛与防治

这里说的早期，指的是先秦时期。这一段的史料记载很少，了解的情况也不多，但从大禹治水的传说中，至少能联想到早期的黄河为害和人们为治服黄河所作出的艰苦努力。到了春秋战国时期，诸侯之间争霸不息。他们常常以水进攻对方，于是一些邻近黄河而又地势卑下的国家像齐、赵、魏等，为了保护自己，或用洪水威胁别国，便筑起一道道堤防。这虽然谈不上对黄河的系统治理，但可以认为是人们在防止洪水泛决方面所作的某种努力。

在春秋战国时期，黄河泛决的事在记载中开始多了起来。其中最重要的是周定王五年（公元前 602 年）

发生的黄河大改道的记载，这也是中国历史上第一次记载黄河改道。关于这次改道始于何地，经过哪些地方，史籍中都没有提及，所以后人在作考证时，结论也互有差异。现在通常的看法是，改道后中下游的新路线：从今河南滑县起，然后向东北经浚县、濮阳、内黄、清丰、南乐、大名、馆陶、高唐、德州，最后在沧州附近入海。在以后约 600 多年间，黄河进入下游一直是沿着此线路行进的。

秦汉时期的黄河

在秦和西汉初的半个世纪，黄河的河患不多。文帝前元十二年（公元前 168 年），河决酸枣（今河南延津县）。从此，黄河泛决的事多了起来。到东汉桓帝永兴元年（153 年）秋，史书中共记载黄河水患 16 次，如果排列历次水患的时间间隔，大致间隔 50 年以上的有 2 次，20 年以上的 3 次，超过 10 年的 4 次，其余都在 10 年以下，平均 20 年 1 次。从泛滥的时间间隔来看，似乎还不算太严重。不过，透过人为的原因进行考察，也暴露了不少问题。首先是河道状况紊乱。而此种紊乱，很多是由人们在沿河地区滥行围垦，形成河道宽窄不一又曲折多弯引起的，像浚县以北的百余里河道，竟拐了三个大弯，很不利防汛拦洪。特别是到了西汉晚期，下游的河床因黄沙沉淤，已高出于地面，变成地上河，只要一有滥决，河水冲出堤外，便难以复槽。其次是政府出于各种原因，黄河决口后常常一拖几年、几十年不加堵塞。武帝元光三年（公元前132年），瓠子决口，河水向东南方向一泻而下，遍及16郡，武帝因防堵不成，竟听从丞相田蚡的迷信言词，说决口是触犯了天怒，上苍给予惩罚，结果一连20多年不加理会。到了王莽始建国三年（公元11年），黄河在魏郡决口，又一次波及好几个郡。可王莽却认为河水东去，威胁不到元城（今河北大名）王氏祖坟的安全，再次听之任之，把老百姓的生命财产置之度外。正是这种不负责任的做法，使治河工作常常陷于瘫痪状态。

在两汉时期，因为黄河的河床高出地面，加上决口过程中，黄水经常抢夺其他河道，造成下游的水流摆动不停。西汉初年，黄河分两股入海：一股沿漯水至今山东滨州，另一股向东北到今河北沧州。文帝前元十二年和武帝元光三年两次决口，黄河水都往东南进入淮河。元封二年（公元前109年）堵口后，泛溢又转向北岸，前后分出几条河道，共流入海。在这段时间里，最大的变化是王莽始建国三年的决口，使黄河自濮阳以下经聊城、临邑，于利津入海。这是黄河自有记载以来的第二次大改道。永平十三年（公元70年），东汉政府派王景治河成功，下游河道再一次被相对固定了下来。

 3　关于黄河八百年安流

所谓黄河800年安流，指的是从东汉永平十三年起到唐末这一段时间。在此期间，虽然也有黄河泛决之事，但次数显然大大减少了。有关统计显示，800 年间，只有 40 个年头有泛决记载。这中间，尽管因各种缘故可能有缺载漏载，不过如果水害确实严重，影响一方的稳定，那绝不可能忽而略之。事实上，在这 800 年里，黄河下游并没有像前期那样，水流不断摆动，更不用说发生大改道了。鉴于以上种种情况，才出现了黄河 800 年安流的说法。

为什么黄河会在这么长时间里出现相对安定的局面？不少专家都对此进行了探讨。

有一种看法认为，这主要归功于王景治河的成功。有关王景治河的具体情况，下面还会专门介绍。长期以来，人们对王景治河确实推崇备至。特别他设计"十里立一水门"的做法，更被认为是在技术上的一大创造，具有过滤泥沙、刷新河道的作用，是用疏导的办法减少下游的洪水。下游水势减小，上游溢决的紧张感自然趋于松弛。800 年间黄河无决徙之患，王景立了大功劳。

也有的专家试图从黄河中游地区植被状况的改善来解释黄河决溢的减少。黄河的泥沙大都来自黄土高原地区。东汉以后，特别是东汉末年起，北方游牧民族不断大批南迁，陕北、晋北等黄土高原地带，很多被改辟为牧场，生态环境出现新的变化。这种情况大体延续到北魏和唐中叶的安史之乱。草地不像农田，易于固沙，可减少水土流失，从而也减慢了黄河下游泥沙的沉淀速度，使灾害发生率下降。

　　唐代以前黄河下游分支多，易于分流泄洪，也被认为是河道安流的一个重要原因。持这种观点的学者指出，直到唐代，很多河流像济水、濮水、汴水，都没有堙塞断流。济水稍北的漯水，在魏晋时也有水流。武周久视元年（700 年）开通马颊河，亦起着分洪的作用。这些众多的水道，既可削减洪峰，也能分沙，使主河道的负担减轻了。

　　在探讨黄河安流的原因时，还有一种意见，即联系东汉末年后的社会变动进行考察。他们认为，东汉末年，黄河下游地区长年战乱不息，人口锐减，田园荒芜，势必导致这一地区河防薄弱，甚至遭到破坏，这在魏晋时期也不可能有根本改变。在当时，每届洪水盛涨，溢出的水便会在某些地区存留起来，同时也把泥沙带到这较为宽阔的地段，减慢了河道本身的受淤量。

　　此外，也有人设想从气象的角度来加以解释，说在这一时期，整个气温偏高，黄河流域干旱少雨，所以洪水较少。

　　以上种种说法，尽管各有道理，但都存在不够完善的地方。比如，很多人认为把 800 年黄河安流归于王景一人未免失之偏颇。他们认为，在当时技术条件下，王景是否能设计出如此高水平的水门，是值得怀疑的，而且即使修起来了，也不能做到数百年无患。对于植被状况改善的说法，也有人提出质疑。第一，黄河下游大平原，本来就是从中上游挟带大量泥沙淤积形成的，说明中上游地区的水土流失，很早就已如此，不完全是后来农耕引起的；第二，黄河中下游雨量较少，树草生长比较困难，将农田改变成牧场，不会在短期内使植被状况出现显著变化；第三，黄河的溢决，很大程度上与河床淤积有关，这在很早就已形成了，并不是中游植被状况改善，淤积就会立即减少；第四，即便植被状况好转，水土流失减轻，从史料记载看，黄河依然是浊河，不足以改变黄河善淤善徙的特点。如此等等，说明安流问题牵涉到多种复杂因素。至于究竟哪一种起主导作用，从目前研究情况来看，似乎还不能得出比较一致的结论。

 4 唐末至元的河决与治理

从唐末到元末，中间经过五代的梁、唐、晋、汉、周以及宋、金等朝代。大致从唐末起，黄河开始结束安流局面，进入到一个灾害频发的时期。在五代的53年中，记载有河决的年份为19年，平均每隔2～3年1次。到了北宋，河决进入高潮，在167年里，有73个年份记载出现决口，平均2年稍多便有1次。从留下的文献资料看，金代河决的平均间隔年限明显地要低于五代和北宋。不过专家们对此持有怀疑的态度，因为从当时的自然环境和治河工作来看，都不足以说明金代优于北宋，之所以造成此种现象，根本在于记录不全。元朝皇帝是北方的蒙古族人，他们在南下灭金、灭宋建立大一统的元朝以前，主要以游牧为生，对于河患给农耕民族带来的灾难，体会并不深刻，加之元的国都定于大都（今北京），不像五代、宋在洛阳、开封建都，与黄河近在咫尺。另外，元朝都城需要的南方漕粮，多数是通过海道运送的，也与黄河关系不大，所以在相当长的一段时间里，对治河消极冷淡。据有关专家统计，元代的 88 年中，黄河决溢的记载有 265 次，平均每 4 个月 1 次，河患的发生率超过以前的任何朝代。

在唐末到元的这段时期里，不但河患的次数急速增加，而且经常是多处同时决溢，所以泛溢的地域也大大扩展。像宋太宗太平兴国二年（977 年）六月、七月、闰七月，连续发生河决，涉及的地区有孟州温县、郑州、荥泽，滑州白马（今滑县）、顿丘（今浚县）、濮州（今鄄城）、澶州（今濮阳）等。太平兴国八年五月，在滑州韩村大决口，澶、濮、曹、济等州同时遭灾，东南还一直到达彭城（今徐州），流入淮河。又如宋真宗天禧三年（1019 年）六月，先在滑州城西北天台山旁决溢，随即在城西南又溃河堤 700 步，州城全部被水淹，其余澶、濮、曹、郓等州县无不遭灾，河水流向东南汇合清水、古汴渠，再次进入淮河。宋神宗熙宁十年（1077 年），澶州曹村决口，一次淹没官亭民居数万所，田 30 多万顷。宋徽宗政和七年（1117 年），瀛州（今河北河间）、沧州同时溢决，沧州城大部被淹，百姓死亡百余万。

最严重的是自宋到元 400 来年里，黄河在溢决中竟多次发生改道之事，其中北宋次数最多。第一次在仁宗景祐元年（1034 年），黄河在澶州横陇（今濮阳县东）决口后，便注入赤河，直向偏东而北，经棣（今山东惠民县）、滨（今滨州）二州入海，时称横陇故道。横陇故道只经过了 14 年，下游便被淤塞。于是在庆历八年（1048 年）又发生第二次大改道，水由澶州商胡埽出流，径直向北到乾宁军（今河北青县）独流口才改往东入海。因为此次改道最靠北边，所以宋代人叫做北流。北流从河道条件来看，因地势坡度大，水流速度快，出口处的深度也比横陇故道好，但因它靠近辽的边界，宋朝政府不愿花费精力去改善河道条件，而且违背水流特性，几次人为地将河道强归横陇，结果不但多次失败，还一再发生分流改道的事。嘉祐五年（1060 年）七月，北流南端的大名府魏州（今河南南乐县西）又分出一股水道，叫二股河。二股河在北流的南边，大体与之相并而行，然后在无棣县（今山东海丰）北境入海，据说这是北流分流期间最大的一次分流改道，后来在元丰四年（1081 年）和元符二年（1099 年），都因北宋政府导流失败而又两次向北改道。

金代发生改道事故的有大定六年（1166 年）、八年、二十年和明昌五年（1194 年）等几次。此时，河水已偏向南流。明昌五年阳武决堤，水流越封丘向东，又从徐州南下，最后汇于淮河，开始了黄河夺淮入海的态势。到了元代至元二十三年（1286 年），黄河在开封以下的 15 个州县，同时决溢，旧时故道大多堙塞，北流之水逐渐并于南边。在此以后的 570 年里，黄河下游的主道，始终南流入海，一直到清咸丰五年（1855 年）改道北上，才发生大变故。

由于这一时期河患严重，人们为了消除灾难，花费了巨大人力物力，其中尤以宋代最甚，几乎把全国半数的财力都投到修治黄河中去了，但收到的效果却不理想。这除了河道淤塞严重外，最根本的还在于治河的决策不对。从仁宗时候起，一直延续到哲宗时期的3次东流、北流之争，以及伴随而来的3次回河大兴筑，便是最突出的典型。自庆历八年澶州商胡决口，黄河北流后，围绕着修治方案，就出现了两种不同的意见：一是主张乘势疏浚，改善北流，确立起新的黄河河道，这就是北流派；二是认为不应该放弃原来河道的堤堰设施，主张把水流重新引回横陇故道，即所谓东流派。在两派争论中，作为最高决策者的皇帝，虽然颇感为难，但总的说来是倾向于东流派。这里面有个很重要的原因，就是出于防止北方辽军南进的需要，所以便出现了至和三年（1056年）、熙宁二年（1069年）和元祐八年（1093年）3次强塞北流，以使水道东向的做法。这3次工程，都花费了很大精力，动用大批人力物力，结果均以失败告终。回河所以不能成功，原因当然很多，但最主要的还是拂逆了自然规律。北流路程固然比东流要远，可它的地势合适，符合水流由高向低的特性。相反，东流的故道原本填淤已非常严重，出口不畅，而宋朝当局在回河之前，又不对故道作全面疏浚，如此草率行事，出现败局是理所当然的。

北宋时期，国家出于政治或军事原因，以及河工的屡屡失败，使其产生了或多或少的消极情绪，这也影响到治河的进程。景祐元年，黄河改从横陇故道出口后，宋仁宗竟下令停止堵塞决口，不再修治。结果于庆历八年再次发生大改道。其后，神宗又因两次回河失败，再次下诏不闭决口，甚至作出迁城搬家以避河患的荒谬决策。在金代，朝廷中消极无为的思想也屡屡作祟。明昌五年决口后，有人提出了固堤分洪的建议，金章宗认为工程太大，成与不成又没有把握，而且即使能够成功，做起来也困难重重。皇帝如此畏缩苟且，下面大臣也乐得省心，何必自讨没趣地去谈兴筑之事。在一些政局不稳定的年代，官府出于对百姓聚众的害怕，也常常反对治河。在宋代第一次讨论黄河回流方案时，欧阳修就提出警告说：把30万人的军丁民夫集合一起，堵塞北流决口，恐怕会发生流亡盗贼之患，强调要大加防备。元朝末年，又因讨论治河争论激烈，当时反对者所持的最大理由，就是山东连年歉收，民不聊生，若再征发20万人聚集修河，很可能会发生比河患更加严重的事情。

从以上影响治河取得成果的种种情况来看，尽管有的是当时的科技水平不够，或者是对困难认识不足所致，但确有相当部分是出于人为因素，如政策失误、消极无为等等，说明在治河中，排除各种非工程因素的干扰，也是非常重要的。

5 明清时期的治河活动

自明朝初年到清乾隆时止，是治黄史中的又一个阶段。这期间总的情况是河患频繁，修治也比较及时得力。从黄河决溢的地区来看，多集中于河南开封以下各州县。随着黄淮合流形势的大体确立，徐州、淮安、扬州等府州县便成为受害最多、最严重的地区。明清两代都以北京为国都（明初曾建都于南京），中央政府的官员和守卫北疆的军队所需食粮，都得仰仗京杭大运河转运，而这条运河的中段，恰恰必须通过黄河泛决最严重的下游地区。于是治河保运，便成为这一时期修治工作的重要出发点。

从黄河下游的水流状况和政府的治理措施来看，明清时期的前段和后段也有所差别。

在明代洪武（1368～1398年）到嘉靖（1522～1566年）期间，下游的河道多而且乱，郑州以下便分成多股，少时5股，多时达9股、13股，并分成南北两路。北路在山东聊城、东平和鱼台间，或转归运道，或经大清河而注入渤海。南路则在南直颍上、怀远和淮安间，汇合淮河进入黄海。行水情况，多半以南流为主，但也有北流胜过南流之时，来回摆动不定。高频率的水患也大体发生在这一地区。为了制止水患，又保证运河中段有足够的水量，这一时期的治水措施多采取疏道分流的办法，即多开支河，提高排洪能力。分流法虽然能暂时减少泛滥，却忽视了排沙这一重要环节。而这对于像黄河这样具有很高含沙量的河流来说，显然是非常重要的。后来的实践也确实作了证明。到了嘉靖时期，因为河床积沙堆淤，尽管分流工作不断加强，作用却越来越小，同时对运道航行的威胁也越来越大，局面已到非改变不可的地步了。

嘉靖以后到清乾隆时期，河流已逐渐以南线为主，由多支分流变为独支一流。为了尽可能地排除黄河泥沙对运道的干扰，废除了在某些地段借用黄河水道作为运道的做法，另开新河，使运道和黄河分隔开来。此时黄河的河道格局出现如此变化，主要原因就是人们在吸取前段治河教训中，提出了"筑堤束水，以水攻沙"的新理论。所谓"筑堤束水，以水攻沙"，就是在沿河两岸修建起完整的堤防涵闸系统，将河槽相对稳定住，然后又拦蓄淮河水，在黄淮交汇处冲刷黄河泥沙，使之排泄入海。最先阐述此理论并进行实践的是明代隆庆（1567～1572 年）、万历（1573～1620 年）间出任河道总督的万恭，但真正将其系统完善化的，当推潘季驯。后来，清康熙时，靳辅、陈潢又在潘氏基础上进一步有所发展。"束水攻沙"法在很长时期内，便是明清两朝政府遵奉的治河方针。

为了加强防汛工作，特别在清代，还建立了汛情预报制度，饬令有关当局将上游的水文情况及时汇集通报，使下游防守者心中有数。康熙四十八年（1709 年）定：宁夏须向河南报汛。乾隆三十年（1765 年）又于河南陕州万锦滩、巩县洛口及沁河木滦店设置水志，记录水位涨落，一旦出现危情，便可火速呈报。

从明到清中期，由于政府的重视，加上治河的大政方针比较得当，所以总的看来，还是取得了相当的成果。

6 清代后期河患日趋严重

　　从嘉庆（1796～1820 年）直至清亡（1911 年），
是本书时代断限中治黄历史的最后一个阶段。其实早
从乾隆晚期起，河患又转吃紧、难以应付了。从河道
本身情况考察，在泥沙不断排向大海的过程中，日积
月累，造成河口向外伸展，水流逐渐变缓，降低了排
沙能力，出口处的抬高现象已非常严重。另外，在黄
淮交汇的冲沙清口处，也因沙淤沉积日多而不能通畅
了。每当夏秋河汛时节，黄水常常倒灌到本来用以蓄
淮冲沙的洪泽湖中，使湖区泥沙增多，急速淤积。最
使政府感到紧张的，是清口堵塞影响运道通畅。而运
道乃是关系京师官兵们生计的命根子。为了解决每年
近万艘漕船的平安行运，清朝政府不惜饮鸩止渴，于
清口上游引黄济运，这等于又把中段运河的命运置于
绝境。河患转紧的另一个原因是河政败坏。随着清朝
各级政府弄虚作假、贪污之风愈演愈烈，一向被看成
肥缺的河工衙门，更成为很多人钻营奔竞的对象。这
些人就任后，不是想着怎样把河治好，解除百姓的疾
苦，而是利用朝廷拨款，千方百计中饱私囊，往往遭
灾越重，工程越大，贪污机会也越多，这种瞒上欺下、
不干实事的作风，也加剧了情况的恶化。

　　这一期间河患的严重，从决溢的统计中也可看出
其大概：嘉庆朝 25 年间，15 年有决溢的记录，统共决
溢 20 次。道光朝共 30 年，记载决溢者有 9 次。其中道

光二十一年（1841 年）河南祥符决口，二十二年江苏桃源决口和二十三年河南中牟决口，不但拖延时间长，淹及面宽，而且灾情倍加严重。当时，除河南、安徽、江苏三省的数十个州县遭受洪水侵袭外，邻近的山东、湖北等省，也不同程度地受到影响。像河南祥符决口，省城开封被黄水包围达 8 个月之久，这在中国灾荒史中是很少见的。尽管如此，政府却无振作措施，河工败坏，依然如故。结果，终于导致咸丰五年（1855 年）黄河的再一次大改道。

咸丰五年的黄河改道，发生于河南兰阳县（今属兰考县）铜瓦厢决口以后。此时，由徐州下行夺淮入海的河道，淤积已十分严重，洪汛期间，水面常常高出堤外地面十几米。相反，兰阳北岸，以及由此转向东北一带，却地势低洼，在明清两代一直被看作是险工地段。此次决口，水流很容易一奔直泄。它们都汇于山东寿张县的张秋镇，由此夺大清河到利津注入渤海。这就是今天看到的黄河下游河道。

自铜瓦厢决口后，清政府围绕着要不要堵复决口，使水重归徐淮故道这个问题，展开了激烈的争论。直到光绪十三年（1887 年），朝廷以经费繁巨、工用浩大为由，表示暂不讨论恢复故道之事，双方的争议才逐渐平复下来，黄河北流亦从此得到确认。

黄河北流后，山东的河患就多了起来。至于兰阳以下至江苏海口的黄河旧故道处，虽因断流而少受水灾之苦，但却给运道和农田水利带来诸多新的课题。特别是南北大运河，原来在江苏淮扬段的一系列工程，现在都失去了作用，同时又把麻烦带到了山东。然而，此时的清朝政府已不像康熙、乾隆那个时候了。他们内外交困，财政危机加剧，再也拿不出巨额资金去解决河运之事了。

 ## 7 几次成功的治河活动

（1）王景治河。王景治河是在王莽始建国三年（公元11年）黄河发生第二次大改道后、新建立的东汉政权又在治河方针上长期争议不决的情况下进行的。在王景治河之前，北方兖、豫（今山东、河南）一带人民，因河道失修，黄水漫流，已遭受了六十多年的灾难。当然，这中间存在着东西汉之交的社会动荡，以及新政府建立之初需要一段喘息时间等一系列客观原因。但如此影响一方民生的大事，终究不能长期放任不管。明帝即位后，东汉已经过三十多年的休养生息，国力已有恢复，财政条件业已好转，完全有条件来修治黄河了。永平十二年（公元69年），汉明帝在听取王景的兴修方案后，便决定任命他来全面主持这项工作。

王景字仲通。他早在年轻时，就博览群书，对天文和工程技术方面有特殊的喜好。王景还钻研了很多关于治水的知识。所以，一当皇帝召见他，询问治河方针时，便能滔滔不绝地说出一套办法来。东汉政府对于此次治河的决心很大，一次就发动几十万人参与兴筑。王景与派来协助的王吴等人，先修筑起一条自荥阳向东通至海口的千里堤防，然后根据地势的变化，凿山破砥，堵塞被洪水冲乱了的各种大小沟涧，又加强险工地段的培固，并疏浚淤塞河道。此次修治，包括了黄河和接连黄河的汴渠等两部分。为预防黄河泥沙冲入汴河，还十里立一水门，以作制约，总计此工程历时一年，花费的资金十分巨大，但治河还是在较短时间里顺利告成。

王景治河的成绩十分显著。他在沿河两岸修建起一个完整的堤防系统，把黄河的水流稳定在业已形成的河床中，不致外溢漫流，使几十年来一直遭受苦难的附近居民有了出头的希望。据《黄河水利史述要》一书记载，自王景治理后被固定的下游河道是：穿过东郡（今聊城至长青县西北地）和济阴郡（今山东定陶周围地）北部，然后经济北（今山东长青县南）、平原（郡城在今山东平原县境）二郡，最后由千乘（今山东高苑县北）入海。这条河自济阴以下，流经西汉黄河故道和泰山北麓之间的低地中，距海较近，地势低下，行水比较顺利。由此，黄河决溢明显减少，出现了一个相对安流的时期。后来有人把黄河长期安流归功于王景的功劳，可能言过其实，但他审时度势，采取顺应水性的做法，使治河取得成功，这是非常重要的。

关于王景治河，目前能够见到的记载非常简单，所以在涉及某些问题时，常常会有不同的理解，其中最主要的就是如何解释十里立一水门。从目前专家们的研究来看，多倾向于将水门设置在汴渠上，或者是黄河与汴渠的接口附近。至于如何设置，设多少个，看法也不尽相同。有的认为是在汴渠上每隔十里立一水门，有的认为是在黄河分汴处设立相距十里的 2 个水门，也有的变通为在分汴近旁设 2 处或 2 处以上水门。究竟哪一种说法更近于事实，有待于专家们作进一步研究考证。当然，不管如何设立，建设水门的目的是十分明确的，即在引导河水接济汴渠时，保证有足够的水量，这也符合当时的需要。

（2）贾鲁治河。贾鲁治河是在元朝顺帝至正年间，也是一项用工颇大又影响深远的大工程。

黄河自至正四年（1344 年）发生大改道后，一直没有修复，直到至正十一年才任命工部尚书贾鲁为总治河防使，主持修治工作。贾鲁是河东高平县（今山西高平）人。他在受命主持这项工程之前，做过有关水利方面的官员，还随当时的工部尚书成遵一行到黄泛区作过实地考察，后来又画图向皇帝陈述他的修治方案，但因朝廷中存在着不同的看法，所以贾鲁的设想一直等到几年后，才得付诸实施。

贾鲁治河方法大体分为疏、浚、塞三种。疏就是分流，浚是排除泥沙淤积，塞是堵塞决口。这三项都同样重要，但在具体施工中先后各有侧重。贾鲁最先着手的工程是整治旧河道。这条河道大体从今河南封丘县西南起，向东经长垣、东明等境，转向东南经山东曹县的白茅、黄陵冈，再进至河南商丘、江苏砀山、萧县、徐州，然后下邳州，由泗水入淮河。具体工程有开辟新河 28 里，疏浚故道 150 余里，又开辟、疏浚

87

为确保堵口顺利进行的减水河近百里。它们的宽度分别由20余步（1步等于5尺）至100余步不等，深2尺至2丈余不等。水流返归故道后，跟着便是修筑堤防，堵塞决口。这些堤防，主要是在北岸的白茅口到砀山之间，长250多里。堵口是影响全局的最困难的工程。贾鲁的原则是先堵塞小口，后堵大口。堵口多集中于商丘至徐州之间，总共完成107处。

贾鲁在大体完成上述工程后，剩下的关键一步，便是堵塞黄陵冈决口，把水最后引入故道。黄陵冈决口位于黄河的北岸，宽400余步，中流深3丈多，施工时正当秋汛时节，十分之八的水都冲向决口，更增加了堵口的工程难度，但它又必须在短期内合龙完成。为此，贾鲁在施工技术上作了大胆的尝试。他针对水大水猛难以下埽的情况，组织起72条大船，编成3道船堤，每船都用铁锚、麻索、长桩相互连接，然后加以固定。船上都装满石块，船堤后又排起3道用竹笼编成、中间夹以草石的水帘捲，然后号令一下，同时下沉，接着赶紧加高埽段，以及其他附属工程。经过两个来月的艰苦奋斗，终于使决口胜利合龙。

贾鲁的这次治河，征发民夫军人达20万，历时近200天。动用物料有：大桩木27000条、榆柳杂木666000根，另有带梢连根树木3600株、蘽秸蒲苇杂草7335000束、竹竿625000根、苇席172000床、小石块2000船、大小绳索57000条、沉船120艘、竹笆150000斤。此外如铁锚、硾石、铁钻、大钉的消耗量还不在其内，总共花费银钞1845636锭，数额十分惊人。

对于贾鲁的治河活动，后人曾写了这样一首诗：
"贾鲁治黄河，恩多怨亦多。百年千载后，恩在怨消
磨。"应该说，这个评论是有相当道理的。首先说恩。
贾鲁不怕有人讥讽反对，毅然担任这项难度很大，又
有相当风险的工程的总指挥，没有一定的才能和胆识
是不行的。他所采取的疏、浚、塞三者结合的方法，
以及在工程排列中的轻重缓急和施工先后次序，总的
说来也是合理适当的，特别是他创造的"船堤障水
法"，更是堵口技术上的一大发明，在中国治河史上也
应给予一定的位置。贾鲁治河的成功，虽然没有也不
可能杜绝以后黄河的决溢，但他一举堵塞了为害7年
的决口，减轻了人们的苦痛，并为治黄御灾积累了许
多好经验，这本身就是个有益的贡献。至于说到怨，
主要是他在施工时，为了赶时赶日，常常不分白天黑
夜实行轮番作业，犯了"不恤民力"的大忌，引起百
姓的怨恨。

贾鲁治河，正处于农民起义汹涌兴起之时，又过
了十几年，元朝就被推翻了。在这种情况下，即使治
好河，也很难顾得上日常的维修和加固工作，这也减
弱了此次治河的实际效果。但平心而论，贾鲁的功劳
毕竟是主要的。当人们摆脱短期怨恨后，再回思追忆，
贾鲁还是值得人们怀念的。诗中后两句说"百年千载
后，恩在怨消磨"，就是这个道理。

（3）潘季驯治河。潘季驯是明朝嘉靖、万历年间
人。他从嘉靖末到万历中，曾4次主持治黄工程，是

中国历史上著名的治河专家，经他系统完善"筑堤束水，以水攻沙"的理论后，形成了后来影响最大的治河学术门派。

潘季驯第一次涉足治河是在嘉靖四十四年（1565年）。他针对有人一见河道淤堵，便忙于寻找新的出路，以解困境的情况，提出了开导上源、疏浚下游、恢复故道的一整套方案。当他的方案被采纳，被任命总理河道后，便立即走马上任，可惜时间不久，因母亲病故只好卸职守丧去了。这一次对潘来说，不过是小试锋芒，无多大成果可言。第二次在隆庆四年（1570年），他率领 50000 多民夫，先后堵塞了邳州一带 11 个缺口，筑堤 30000 余丈，清淤 80 里，同时整理出一套筑堤防水的新工序。正在潘有所作为之时，漕运却出了纰漏，运船进入黄河段后，因遇风浪遭到漂没，结果潘季驯被议罪罢官。第三次在万历六年（1578年）。当时，黄淮并决，运道中断，南直淮扬一带成为泽国。潘季驯因有前两次治河经验，在朝廷又得到首辅张居正的大力支持，所以赴任后，决心有所作为，大胆实施他信奉的"筑堤束水，以水攻沙"的理论。他既大修堤防，计从徐州到淮扬，共筑堤 680余里，又堵塞决口 130 个。为防止盛水时堤岸压力太大，解决黄、淮、运三者的水量问题，他还修了大坝 2座、减水坝 4 座，迁移旧闸 1 所，终于使徐淮河道和大运河淮扬段，得到较好的治理。特别是由于河淮接头处的清口水流通畅，泥沙沉淀减慢，可随流水排向海口，出现了不少年内河道无大患的良好局面。潘季驯虽然治河有功，却在官场的是非中难以立足。万历十年，张居正病故后遭诬，潘季驯亦因有干连关系，于次年被削职为民。

万历十六年，潘季驯第 4 次受到起用，出任河道总督。他鉴于头一年黄河决口多集中于河南封丘至南直徐州之间，所以特别把第一阶段的工程重点放在郑州以下河段上，修固了两岸的堤防，并进行了淤滩固堤的试验。万历十九年，淮安府山阳县（今淮安）河决，大水顺流而下，泗州城内积水高至 3 尺。泗州与朱元璋老家凤阳县挨得很近，那里有明朝皇帝的祖陵，稍有不慎，祖陵遭淹，当时便是一件大事。所以朝廷内外意见纷纷，身为河道总督的潘季驯更是议论、指责的中心，结果被劾下台。其实这时潘因长期劳顿，已经抱病在任很久了。万历二十三年四月，潘季驯终于走完了一生的历程，死于浙江乌程（今吴兴）老家。

潘季驯前后 4 次治河，除第 1 次因来去匆匆，实绩不显外，其余 3 次，都留下了良好成绩。潘季驯平时很注重实地考察，常常深入工地与夫役们平等相处，了解情况。据说他不避风雨霜雪，来往于各险工地段，累计行程不下几千里。自贾鲁治河后，黄河的决溢重点已移至南直徐淮地区，这里黄、淮、运三者交错，稍稍处理失当，都会影响全局，造成难以收拾的后果。对此，潘季驯提出黄、淮、运并重。不过，所说并重，不等于同时均匀使力，其主要矛盾应是黄河，而黄河为害，又源于泥沙。当时有"一斗黄水六成沙"的说法，遇到秋汛时节，含沙量竟高达八成。要使众多的泥沙不在河床沉积堆淤，最好的办法莫过于让水迅疾流走。于是便得修筑堤防，实行以堤束水，以水攻沙。这是他指导治河的理论出发点。

由于潘季驯十分重视堤防的作用，所以在修筑堤防方面也有许多创造。为了保证堤防的稳固，他实行一种双重堤防的做法，贴着河边的那一道叫缕堤，用以束水攻沙；然后于相距 1～3 里处，再修一条与缕堤大体保持平行的遥堤。遥堤的目的是控制洪水泛滥。在遥堤和缕堤之间，每隔一段都要筑起与之垂直的格堤，以便把盛水时节溢出缕堤的水拦截在一定范围之内，不致因此顺流而下。在此之外，还有月堤。月堤紧贴缕堤，形如半月，也是每过一段修一处，当洪水将缕堤冲决时，月堤可暂时起缓冲作用。缕堤、遥堤、格堤、月堤，它们既各有作用，互为补充，又紧密连在一起，构成一个完整的堤防体系。在修堤中，潘季驯十分重视工程质量，提出必须选择真土，不得以浮渣、杂土充数。在堤的高度和厚度上，也要求严格，不得稍有差错。他认为只有这样，才能有效防洪，所以即使多费些钱财，那也是值得的。

潘季驯主张筑堤束水，不等于在任何场合绝对不变，伏秋之间，淫雨连绵，河水暴涨，两岸堤防受到很大威胁，这时便要适当分流，以减轻河道压力。为此，他修了一系列滚水坝、减水坝，目的亦在于此。

在解决泥沙问题中，潘季驯还于原束水攻沙基础上，进一步提出了"蓄清刷黄"的设想，也就是利用淮河清水来冲刷黄河的浊水，地点就选在黄淮相交的清口。清口位于今淮阴北，是运道必经之所。潘季驯之所以作此设想，也与清口地位十分重要有关。假若清口被堵，影响运道正常运行，必然要引起朝廷内外震动，关系匪浅，故必须解决。但当时水流的特点是淮弱河强，要扭转来势强大的黄水倒灌，使淮河清水转而冲刷黄水，势必先得抬高淮河水位。为此，他大修高家堰大堤，把淮河水蓄入近旁的洪泽湖中，然后使其尽出清口，加快了黄水入海的流速，同时也把大量泥沙带入海中。

通过潘季驯的不懈努力，黄河下游河道，基本上被稳定了下来，在一定时期内，水患减轻减少了，这是了不起的成就。但也应看到，潘的束水攻沙法，充其量只能把一部分泥沙带到海里，相当数量的泥沙还是淤积沉淀在河床中，无法避免河床高、河岸低的悬河局面的出现。至于"蓄清刷黄"，也存在同样问题。为了解决淮弱河强的局势，不得不扩大蓄洪面积，使洪泽湖和淮河下游的不少地区被淹。万历二十年泗州大水长期不退，很大程度上与此有关。这些都是潘季驯所无法解决的。

（4）靳辅和陈潢。靳辅是清代最著名的河臣。康熙十六年（1677 年）三月，清廷任命他担任河道总督，主持修治黄、淮、运三水道，至二十七年三月去职，历时 11 年。后来康熙三十一年初，他再度受到起用，未及一年，便病逝在任上，终年 60 岁。靳辅一生，虽然从政时间很长，可他的主要功劳，集中于不到 20 年的河工建设上。在当时，靳辅的名字是与治河联系在一起的。陈潢是浙江钱塘（今杭州市）人，是个很有才能又不得志于功名的落魄才子。康熙十年，一个偶然的机会，使他与靳辅产生了友谊。靳聘陈为幕客，时刻带在左右。靳在治河中的很多谋略，都出自陈潢。所以，靳辅在事业上的成就，包含着陈潢的心血。

靳、陈治河，在理论上遵奉潘季驯束水攻沙的原则，同时在具体实践中又有所发展。靳辅自就任的头一月起，首先着手做的，就是搞调查工作。他在陈潢陪同下，巡视了经常遭受溢决的黄淮沿岸地区。他一面察看水文地质形势，一面博采舆论，广泛求教于绅衿兵民和工匠夫役，凡属一言可取，或有一事可行者，莫不虚心采纳，务期得当。与此同时，他也十分重视先行者的经验教训，通过阅读各种章奏、文献，讨教治河得失，特别对潘季驯的"筑堤束水，以水攻沙"法则，更是考究甚详。在经过两个月的酝酿准备后，靳辅制定出一个完整的治理方案，连续写了8道奏疏，向皇帝阐明设想，以求批准。后来他的治河行动，基本上便是照此规划逐一实施的。

靳、陈治河，大体分为两个阶段。前段从康熙十六年到二十三年，共7年时间。这一阶段主要任务是解除由明末积累起来的连年河患。他们用筑堤束水刷沙法，疏通下游，引导黄、淮河水入海；又开挑洪泽湖下端的烂泥浅滩及清口诸引河，整治高家堰，堵塞清水泽等处决口，同时大筑堤防和减水坝，使水归入故道，被淹田地逐渐涸出。二十三年九月，康熙皇帝南巡途中视察河工，对靳主持的工程进展表示满意，勉励靳再加努力，使治河早日告成。对于协助靳辅的陈潢，康熙帝也接见了他，不久便授予他参赞河工按察司佥事道的官衔，以示褒奖。

后一阶段工程从康熙二十四年起，到二十七年止。这时，靳辅曾花费相当力气兴筑河南境内堤防。河南地处江苏上游，若设上游有闪失，下游的江南河道立即便有反应，故亦得慎重对待。河南的工程有：筑考城、仪封（两地今均属兰考县）堤7989丈，封丘荆隆口大月堤330丈，荥阳县埽工310丈，又开通江苏睢宁县减水闸4座。不过，他的主要精力还是放在与治河密切相关的通漕上。当时漕船北上，自清口至宿迁的300余里间，均溯黄河而行，风大浪急，易遭不测，靳辅便从骆马湖开渠，沿河东岸并行，经宿迁、桃源（今泗阳）直到清河县（今清江市）的仲家庄，叫做中河，把黄河和运河分隔开来，达到了康熙皇帝提出的治河保运的要求。

靳、陈治河，由于用心钻研，在实践中，对潘季驯的束水攻沙理论，多有新的阐发，而且工程实施面也较潘时大大扩展了。靳、陈十分看重清口刷黄的作用。他们一面提高洪泽湖的蓄洪能力，进一步扩大了湖面，一面又加宽加高沿湖堤防，增建减水坝，用以防止在秋汛期间因淮河上游来水猛增而出现的溢决。由于淮河平时的水量有限，故又提出"黄淮相济"的补充办法，即引入部分黄河水，经洼地沉淀，再将清水转入洪泽湖，加大清口水量，增强冲刷力。靳辅在确认束水攻沙时，还提出"寓浚于筑"的辅助措施。他认为淤土有新旧之分，三年以内的新淤浮于上层，容易冲刷，时间一长，淤土板结，就难以冲走了。这就要靠疏浚解决。另外，在对待海口积沙方面，潘季驯主张听其自然，靳则认为既然治黄须从下游做起，那么对于不断容纳来水的大海海口，也得加强治理，做法是：其一，筑堤束水；其二，挑浚，并将两者结合，以减慢海口的淤垫。

靳、陈治河，较之潘氏确实前进了一步。尽管如此，他们的着眼点仍没有摆脱只考虑下游去沙排沙的问题，对于如何减少中上游的泥沙量，以减轻下游的压力，并无顾及。随着黄河泥沙大量泄向海口，使河口不断向外推移，水道延长，流速减缓，泥沙沉淀的可能性也就随着增大，从而又影响到整个下游地区河床的淤垫速度。再如，靳、陈通过修筑堤防堰坝、年年挖掘的做法来确保河工稳固，付出的维修经费是很高的，这也成为压在清朝政府身上一项十分沉重的负担。

 ## 8　在治河实践中不断丰富
##　　认识、提高技术

纵观中国治黄史，中间除东汉至隋唐出现过一段相对安流的局面外，总的说来，越到后来，河患频率越高，情况也越来越严重。为了对付此种局面外，人们通过实践，不但在治河理论上不断趋于完善成熟，而且在河工技术方面，也积累了许多丰富的经验，有许多有益的创造。

从中国历代政府对待河患的态度来看，尽管在某些时期，也曾出现过听任溢决的消极态度，但绝大多数还是认真或比较认真对待的。至于治理的方法，大体可分为分流、堵决、围拦、挑挖等多种。

堵决是河工中经常使用的方法，但它最易出现险情，是一项难度很大的工程。早期的堵决是用树条竹木之类填塞决口，具体做法是：先把大树、大竹由疏到密，插入决口处，待水势稍有减弱，再填上草料土石。西汉武帝时堵瓠子口，就使用这个技术。再一种是用竹笼装上石块以堵口子。塞口的时间，最好选择初春枯水时节，因为那时比较容易成功。在修筑堤防方面也有所创造，如于临河一侧加砌石堤，加强护坡。又适当对河道截弯取直以利水流。这些，都说明了早期河工技术的进步。

宋代在治河上成绩并不显著，但人们通过与黄河灾害的斗争，积累的技术经验还是相当丰富的。宋人修堤，已突破了单层拦筑的方法，根据所起作用，出现了正堤、遥堤、缕堤、月堤、横堤等名目；坝堰有软硬之分，它们常常互相依连，构成体系，以便更好地防备洪水的侵袭。宋人还用"木笼"、"石岸"、"马头"、"锯牙"等法加强堤岸防护。"木笼"相当于木栅，贴堤放入水中；"石岸"可能类似石堤；"马头"和"锯牙"据专家们考证，大概属于刺水堤一类的东西。它们可对洪水激流起一定的缓冲作用。在护堤中

作用最大的当推埽工。做埽的物料有梢枝、柴薪、楗
厥、竹石、荚索、竹索等。制作时，先在广场上排上
绳索，再铺上梢枝、柴薪之类衬底，底面填土和碎石，
再将竹索横贯中间，称作"心索"，然后推卷捆扎结
实。埽的大小不一，大埽长可达100尺，直径10～40
尺。埽通常放于堤岸的薄弱处，叫做"埽岸"。下埽时
动员几百或上千人同时操作。埽在水中，还要用大木
桩加以固定。

　　宋代的堵口技术达到了相当高的水平，大量使用
埽卷是其中的一个重要方面。沈立在《河防通议》中，
专门记有"闭河"技术。"闭河"就是堵口。要堵好
口，首先需得探察决口处的水流和土质情况，然后在
口子两侧插立标杆、架设浮桥，便于役夫施工和减缓
水势。再下来就是打桩，抛掷树石，紧接着在两岸推
下三道草埽（原文作草纴）、两道土纴，再在桥上向合
龙处投下土袋，待合龙完成后，又于贴水处下埽护岸，
并堵塞漏眼。著名科学家沈括在《梦溪笔谈》中，也
介绍有堵口技术，其中的核心内容，就是使用下埽合
龙法。另外，宋人对黄河的水文变化，以及水与沙的
关系等等，也作了许多总结，或有新的认识。

　　从明代后期起直到清代，"束水刷沙"法成为人们
信奉的准则，由此又推究到讲求筑堤技术。潘季驯就
提出沿河筑堤，应离岸2～3里，以便蓄洪的法则。又
规定临河取土，必须远离堤脚数十步，避免近堤取土
成沟，或者深挖成坑。对筑堤的土质要求也很严格，
必须是真正老土，淤泥应待干燥后才能填夯。堤的高

度经水平法测量取得一致标准，在宽度以及底面和顶面，都规定有一定的比例。

明清时期石堤的砌垒、密合技术也达到了很高水平，每道堤防完工后，得经过严格的质量检查。据近代有人鉴定，这些堤工即使按今天标准来看，也是堪称一流的。在堵口技术上，明代能根据不同水情采取不同的措施：若决口后泄水量不大，原河道水流仍基本正常，则可待到水势稍稍回落，再行堵截。反之，若决口泄水猛烈，倾泻成河，则必须赶紧抢修，务使水归故道。堵口时最难的工程是合龙，为了使抛进的埽石之类不致被汹涌的水流冲失，特别提出龙门口应是上水口阔、下水口收的做法。清代靳、陈二人还进一步提出堵口先塞小口，后塞大口；先塞容易之口，后塞难度大的口子。但临施工时，也要根据情势，进行具体分析。堵口时，凡上流口门大，下流口门小，或是下流口门大，上流口门小，一般均以先上后下为妥。在堵塞大口、难口时，为了减少水的冲击，可适当开挖引河或筑拦水坝，也可在中流加筑月堤加以约制。这些都符合科学原理。

靳辅、陈潢治河，也十分重视疏浚工作，并为此规划了"川字河"疏浚办法，就是沿原河道两边离水3丈左右，各挑挖引水河一条，它们相互平行，如同"川"字。挖川字河的目的也是为了除沙，因为在三条河流的中间，都是原河中淤积的泥沙，经挖出后堆于两旁。河水自上而下，左右夹攻，趁势将沙带走，不久三河便合而为一，既开阔了河道，也刷去了淤沙。

这也是靳、陈说的"寓浚于筑"的基本原理。

在治河中，潘季驯和靳辅、陈潢，都设计修建过不少闸坝。他们都很重视坝址的选择，主张地基坚实。砌坝以前，先得花费相当工力打桩砌缝作基础。靳、陈建滚水坝，还发明测量坝水流量的新方法。他们先量闸口的阔狭，计算出每秒钟和一昼夜的出水量，然后以此作为设计的依据，使分流时既不致因坝口过小、无法容纳过多的水流量而引起泛决，也不会因水门偏大、水流量不足而白白增加了工程费用。这对实行计划分洪是很有作用的。

六 长江中下游和太湖 平原区的水患治理

 长江中下游的堤防建设

长江，古人称之为"江"或"大江"，三国以后始有"长江"之名。长江干流发源于青藏高原的唐古拉山脉各拉丹冬雪山西南侧，经今青海、西藏、云南、四川、湖北、湖南、江西、安徽、江苏和上海等省、自治区、直辖市，最后流入东海。长江全长 6300 公里，包括各支流在内，整个流域面积达到 180 多万平方公里，年入海总水量达 1 万亿立方米。它是中国里程最长、流域面积最广而水量又最充沛的第一大河。以长江与黄河相比，江道条件要好得多了，不但水流的含沙量低，中下游也不曾频繁地发生河决，更不曾出现改道。但这不等于说长江没有水患，据有的学者统计，自唐至清的 1200 多年间，包括最大支流汉江在内，共发生水灾 223 次（汉江 42 次）。按朝代计，唐代 16 次，平均每 18 年有一次水患；宋代 63 次，平均 5 年一次；元代 16 次，平均 5.7 年一次；明代 66 次，清代 62 次，都是平均约 4 年一次。这说明水患发生的时间间隔越来越短。从灾害的程度而言，有的水患相当严重。明嘉靖三十九年（1560 年）夏秋，长江上游金沙江流域连降大暴雨，引起川江河段全面涨水，像屏山县，连县城都遭水淹没了。中游的汉江和湖广江道也灾讯频传，松滋、江陵等县堤防冲没殆尽。清乾隆五十三年（1788 年），洪水的来势更加凶猛，川江及诸支流同时涨水，涪州（今涪陵）以下丰都、忠州（今忠县）、万县等州县均被水淹。在湖北，沿江 36 个州县遭灾，其中江陵县水深达 1.7～1.8 丈，城厢内外冲毁房屋 4000 多间，死亡居民 1700 多人。以后咸丰十年（1860 年）、同治九年（1870 年），都有特大洪水。据专家考证，同治九年水灾，是长江干流重庆至湖北宜昌段 800 年来最大的一次洪水。由此可见，长江也存在着一个防洪治水的问题。

有关人们治理长江的最早记载，相传见于《淮南子》，高诱在该书注释中有禹"决巫山，令江水得过"的说法。以后随着长江中下游地区不断开发，以及自然生态环境的变化，各种防治活动也多了起来。长江水患，主要集中于上游川江段、今湖北境内的荆江段和汉江中下游，其中尤以荆江段最为严重。明清之际的顾炎武就说："江水之患，全在荆州一郡"，"江溢则没东南，汉溢则没西北，江汉并溢则洞庭、沔湖汇为巨壑"。荆江一闹灾，往往会牵动一大片。

荆江周围地区，古代属于"云梦泽"，水面浩渺。后来由于上游泥沙不断在此沉淀，云梦泽逐渐形成一个各种水道港汊密布的湖泊三角洲，其主要干流，便是长江荆江段。不过在早期，这里地广人稀，加上有大小湖泊作蓄洪调节，不致酿成大害。西汉吕后三年（公元前 185 年）、五年，荆江段和汉水中游曾连续发生水溢淹及民居事。但人们筑堤障水，那还是到了东晋时候，穆帝永和年间（345～356 年），桓温镇守荆州，命陈遵于江北修堤护城，名万城堤，或作金堤。以后沿江两岸又陆续出现一些新堤，如江陵县东的黄潭堤、沙市堤和南岸的虎堤等。到了南宋时期，上自枝江，下迄石首、沔阳的荆江和荆江以下河段，差不多都已修起了堤防。

荆江河段自明以降，水患所以日趋增多，与该地区江水入湖穴口大都被堵塞，以及堤垸农业的不断发展有着重要关系。这些穴口是连通江湖之间的通道。据说在初期，这样的穴口很多，直到宋代还有"九穴十三口"的记载，大致江南边 5 处，江北边 8 处。元代因分流穴口基本堵塞，所以大德时（1297～1307年）曾重开 6 口，即江陵的郝穴，石首的杨林穴、小岳穴、宋穴、调弦穴和监利县的赤剥穴。到了明初，能够起分流作用的，只剩下郝穴、调弦穴二口了。随着穴口不断堵塞，人们又不断在淤湖基础上围筑堤垸造田，这又加剧了问题的严重性。在当时，每当丰水时节，江水无法宣泄，便会向外漫溢，甚至破堤横流，酿成灾患。这便是明清两代荆江水灾频频发生的根本原因。

一方面是水灾频发，另一方面人们又不能退耕还湖、重开穴口，于是只好转而采取筑重堤的办法，用以加强防范。明代在宋元形成的荆江大堤基础上，又作了重点加固。成化（1465～1487年）初，政府在比较险要的黄潭堤段加砌条石外坡，以加固护堤；嘉靖二十一年（1542年），堵塞郝穴，并加固郝穴堤岸，使荆江大堤上自堆金台，下及拖茅埠，近250里路程连成一线；隆庆元年（1567年），定"堤甲法"，编设民夫11150人，守护南北两岸堤防，以便发现问题能及时修筑。据清初时统计，在荆江段北岸江陵、监利两县已有堤275里，南岸枝江、松滋、公安、石首四县有堤约300里，总共575里。

清代荆江水道的筑堤规模更超过明代。首先是堤防长度增加了，北岸自江陵起，一直延伸到沔阳县境，逶迤600余里，加上南岸300余里，以及各支汊河堤、月堤，已经达到一千数百里。其次是质量规格提高了，特别自乾隆五十三年（1788年）大水后，国家特拨库银200万两，于堵塞决口的同时，按当年水痕，将江陵一线堤岸分别加高2～5尺，顶宽培厚4～8丈。还规定了堤防的保固期限，使承办修筑的官员不敢草率从事。以后像乾隆五十九年、道光四年（1824年），都有大规模的兴筑。

明清两代修筑江堤并不限于荆江河段。在此以下的中下游，也兴建不少。现根据有关资料，按时间先后，将沿江（包括汉江）堤工兴建事例，简单罗列如下。

明永乐元年（1403年），修湖广安陆、京山两县汉江塌岸。

二年，修湖广黄梅、广济两县沿江堤岸。

三年，于南直无为州与和州间筑江坝。

四年，修湖广石首县临江万石堤，又筑广济县武家穴等江岸。

七年，修安陆州渲马滩决岸。

八年，修松滋县张家坑、何家洲堤岸。

九年，筑安陆、京山、景陵（今天门市）圩岸，又修监利车水堤4400余丈。

十年，修黄梅县临江决岸120余里。

宣德四年（1429年），发军民筑湖广潜江县堤岸。

六年，修广济县堤堰、石首县临江堤岸。

八年，修复和州铜城堰闸。

正统元年（1436年），修复江陵、松滋、公安、石首、潜江、监利近江决堤，又修复汉江老龙堤。

四年，修复荆州府城近旁坏堤。

成化八年（1472年），修复湖广襄阳汉江决堤。

隆庆三年（1569年），开湖广竹筒河以泄汉江积水。

万历二年（1574年），堵荆州府采穴和承天府（府治在今钟祥市）泗港、谢家湾诸决口，又筑荆州、岳州等府及松滋诸县老垸堤。

清乾隆三年（1738年），于湖北沿江建驳岸，沿汉江建江永堤、保丰堤。

九年，命湖广总督鄂弥达查勘江边、湖畔水利，及时加以兴筑。

十一年，湖北巡抚彭树葵疏陈荆江段水道及汉江沿岸堤堰水利事宜。

二十九年，修湖北溪镇十里长堤，以及广济、黄梅二县江堤。

三十年，使安徽无为州沿江各圩互为联结，211里地段内有堤岸保障。

四十年，修湖北省城武昌金河洲、太乙宫等地滨江石岸。

四十一年，江苏瓜洲查子港近旁江岸裂缝，坍塌100余丈，乃于沿岸筑土坝，以使纤路通畅。

五十三年，荆州万城堤溃，命大学士阿桂前往查勘，条陈修复之法。

五十五年，筑潜江县仙人旧堤2080余丈。

五十七年，于瓜洲江边旧柴坝外堆砌碎石，加强对埽根的保护，并规定每岁挑浚制度。

五十九年，荆州沙市大坝因江流冲击，显露顶面，乃添建草坝。

嘉庆二十二年（1817年），于沔阳县修建石闸，挑浚引渠，用以及时启闭。

道光元年（1821年），筑安徽宿松县沿江长堤，名同马大堤。

二年，加筑襄阳汉江老龙石堤。

三年，修天门、京山、钟祥三县堤垸，又筑监利樱桃堰、荆门沙洋堤。

四年，培修荆州万城大堤横塘以下各工，及监利任家口、吴谢垸漫决堤塍。

五年，修监利县江堤、襄阳府汉江老龙石堤，筑荆州得胜台民堤。

七年，浚湖北汉川草桥口、消涡湖口水道；钟祥、京山二县决口 1020 余丈，命湖广总督嵩孚督办修复。

九年，修公安、监利二县堤。

十一年，修天门县汉江南岸堤工。

十三年，湖广总督讷尔经额请修襄阳老龙石堤、汉阳护城石堤，武昌、荆州沿江堤岸，命行之；又以湖北连年被水，请疏长江支河，使向南汇注于洞庭湖；疏汉水支河，使北汇于三台等湖；疏江、汉支流，使分别汇于云梦诸湖沼；又因安陆滨江堤塍冲决为害，请在县境建闸坝 5 座，并挑浚河道，以杀水势、泄积潴。为此，清廷特派出大臣详勘定夺。

十四年，浚沔阳州天门、牛蹄支河，汉阳县通顺支河，并筑滨临江、汉各堤；浚石首、潜江、汉川支河，修荆州府万城大堤、华容等县被水冲毁各官民堤垸；修潜江、钟祥、京山、天门、沔阳、汉阳六州县临江溃堤。

十七年，修武昌沿江石岸，钟祥刘公庵、何家潭老堤，潜江城外土堤。

十八年，修黄梅县江堤；修安徽宿松县同马堤。

十九年，修武昌保安门外江堤、汉江临江石堤。

二十年，因前年汉水盛涨，汉川、沔阳、天门、京山等州县堤岸溃决，至时，乃行修筑之法，并修荆州大堤，及公安、监利、江陵、潜江四县堤工。

二十二年，江水盛涨，冲陷万城堤以上吴家桥水闸，又决下游上渔埠大堤，江水直灌荆州府城，水退后，于上下游各筑一横堤，在埠头漫口处修挽月堤。

二十四年，修湖北江夏县江堤；复被水冲决荆州万城大堤等工程。

二十八年，修江夏县堤工、钟祥县廖家店外滩岸。

二十九年，修宿松县同马堤。

三十年，修襄阳老龙石堤及汉阳县堤坝、武昌沿江石岸、潜江土堤、钟祥高家堤。

光绪十一年（1885年），修宿松县沿江堤。

光绪二十八年，修湖北省城北路堤共10段，以御外江汛涨，建石闸数座，以备内湖宣泄，又于附郭临江处，增修石剥岸共10里。

宣统元年（1909年），准湖广总督陈夔龙之请，修潜江县袁家月堤、郭家嘴、禹王庙溃堤，天门县黑牛渡、沔阳县吕蒙营、公安县高李公、松滋县杨家脑、监利县河庙各堤工。

上面举例，当然很不完全，但已可看到，清代长江的堤工兴筑远多于明代。在清代，后期又多于前期。出现这种情况，一方面说明长江的水道条件在不断恶化，灾害越来越经常化；另一方面，从水利兴修的角度来看，自明至清，人们的灾防意识也在增加，为了抗洪防涝，堤防建设更加系统，也更加完善。目前见到的长江堤防体系，论其基础，就是在明清两代奠定下来的。

太湖平原区的河道疏浚

如前所述，在太湖平原区，由于乱围圩田，造成自然水系紊乱，长此以往，必然会引发越来越多的水患。就地形和水系而论，太湖周围地势卑下，雨涝积水，历来靠吴淞、刘家（又称浏河或娄江）、黄浦三江与白茆河排向长江或大海，其中又以吴淞江为最重要。大概从宋代起，一方面由于人们不断在太湖东岸一带设堋置堰，或在各水系建桥置驿，将河道填窄，甚至加以堵塞，使排水难以通畅；另一方面，吴淞等江亦因两岸泥沙杂草不断冲入江心，河床升高，容水量减少。到元初，吴淞江实际已很难承担太湖的泄水重任了。往往稍有霖雨，便造成湖水倒灌，漫溢周围田屋，发生灾害。

太湖沿边地域，乃国家财赋之区，灾荒迭起，必然要影响政府的经济收入，同时也不利于安居民生，故必须组织疏治。元世祖至元二十八年（1291 年）至三十一年和成宗大德间（1297～1307 年），国家曾连续进行疏浚。其中大德八年，用工 162 万，浚吴淞江 38 里；十年，用工 245 万，再浚淀山湖入吴淞江河道，规模都很可观。泰定帝泰定二年（1325 年），在继续清理吴淞江江道的基础上，还对太湖入（长）江出海的另外两条水道——刘家河和黄浦江的某些河段，作了适当的疏治。上述浚治工程，都是由著名水利专家任仁发主持进行的。任仁发写了一本书叫《水利集》，对江南治水作了很好的阐发。

明清两代对太湖平原的疏治更加频繁。根据史料记载，明代大小工程至少超过 1000 次，清代则在 2000 次以上。

明代的工程重点仍放在吴淞江，同时兼及刘家河与白茆河，对其他支河与黄浦江支流，也不时加以修治。修治的方法，主要是疏浚，亦修建一些堰闸堤岸之类的工程。规模较大的有：永乐元年（1403 年），户部尚书夏原吉发民夫 10 余万人，将吴淞江下游出海口改入刘家河，由今张家港处注入长江；又开范家浜出海口，向西与淀山湖相接，然后连通太湖。经过夏原吉的一番治理，原吴淞江下游的旧河段被废弃，太湖泄水有了新的通道。不过这条通道没有维持多久，所以天顺时（1457～1464 年）应天巡抚崔恭，弘治七年（1494 年）至八年工部左侍郎徐贯，正德十六年（1521 年）至嘉靖元年（1522 年）巡抚李充嗣，隆庆三年（1569 年）巡抚海瑞，以及万历五年（1577 年）至八年巡按御史林应训，又都为开通吴淞江作出了巨大的努力。他们或重浚故道，或另辟新路，但均效果不佳，几乎皆为时不久，便淤浅如故。至于开白茆、通刘家河，以及修治其他各支渠工程，也多屡治屡塞。探究缘故，除限于当时的技术条件外，也与主持施工者各人看法不一、缺乏统筹之道有关。另外，一些地方豪强势力出于私利，害怕有损于自己的既得利益，明里暗里加以阻挠，加上在施工过程中，官吏贪污中饱私囊，敷衍塞责，造成工程质量低劣，这些都影响了工程效用的持久发挥。自万历中期后，明朝政府由于财政困难，又面对东北后金政权的日益强大，以及农民起义烽火愈演愈烈，因此再也无法顾及江南水利了。崇祯年间（1628～1644年），有人在给皇帝的奏疏中谈道：万历以后，水政弛废超过五十年，吴淞、白茆几乎全被埋塞，只剩下娄江一道涓涓细流。局面到了如此地步，灾荒怎么能不频频发生呢？

当然，明代的修治也不是一无可取，一般说来，每次兴筑都能取得一定成果，特别是某些官员的事迹还相当感人。像夏原吉浚吴淞江，"布衣徒步，日夜经画，盛暑不张盖"；正统时，周忱治昆山、顾浦诸水，常"以马匹往来江上，见者不知其为巡抚也"；后来，海瑞疏通江道，也是不顾风雨，亲自勘察筹划，对所征召的民工不苛待，不克扣工食钱粮。有的人通过具体实践，并有所总结、有所阐发。弘治时金藻著《三江水利论》，姚文灏作《浙西水利书》，常熟知县耿桔的《常熟县水利书》，以及归有光编《吴中水利录》，在当时、对后来都有借鉴作用。在治水方法上也有一些新的创造，如抓住重点，以疏治主干水道为主，再辅以有关塘浦港汊及各支流的挑浚，使工程能够成龙配套。由于这些疏治多是灾后进行的，有的官员便把治水和赈灾结合起来，既救济了灾民，又见到工程实效，可谓一举两得。

清代修治的大工程有如下几项：

康熙十年至十二年（1671～1673年），巡抚马祐、布政使慕天颜疏浚刘家河29里，浚吴淞江11800余丈；又于刘家河口天妃宫、黄浦江口，各建闸一座。

雍正五年至九年（1727～1731 年），浚吴淞江 48 里，浚白茆河 42 里，浚徐六泾、梅李塘河 3569 丈，修福山塘 4380 丈，浚吴江、震泽两县境内运河 5579 丈，浚太仓刘家港，重建天妃宫闸。

乾隆十九年（1754 年），浚白茆塘 8646 丈，挑土 311270 方。

二十九年，鉴于经由太湖之水伏秋汛发，多致漫溢，乃修吴江、震泽等 10 县塘路。

三十五年，挑浚苏州府境入海入江河道，修白茆河自支塘至滚水坝 6530 余丈，徐六泾河自陈荡桥至田家坝 5990 余丈。

四十三年，疏浚浙江湖州府境溇港 72 处。

嘉庆二十一年（1816 年），疏浚吴淞江。

道光十四年（1834 年），浚太仓刘家河、七浦及太湖以下泖淀，并修元和县（今属苏州市）南塘宝带桥。

同治九年（1870 年），浚白茆河河道，改建近海上石闸。

十年，应江苏巡抚张之万请求设水利局，重修元和、吴县、吴江、震泽桥窦各工，开吴淞江下游至新闸 140 丈，用机器船作业。以后几年，又陆续浚太仓七浦河、昭文（今并于常熟）徐六泾河、常熟福山港河、常州河、武进孟渎超瓢港、江阴黄田港河道塘闸、徒阳河、丹徒口支河、丹阳小城河、镇江京口河。

　　光绪十八年（1892 年），疏凿福山港、徐六泾二河，及高浦、耿泾、海洋塘、西洋港四河。

　　清代的修治大体有如下特点：

　　（1）治理次数之勤、规模之大，远远超过宋明诸朝代。从工程的组织、经费来源和劳动力的征集等方面来看，可分为官修、官督民修、民修等多种形式。在管理方面也更加制度化，有定期岁修、轮浚、撩浅、禁止侵阻水道等措施规章。并将上述规定列入官员的考核制度，做得好的，给记功、加级奖励；惰误出事者以溺职、纠参处罚，使各级地方官更加关心兴修水利。

　　（2）工程的重点仍放在吴淞江上，另外对白茆河、刘家河等河道也不轻视。据有的学者统计，在清代 267 年间，吴淞江平均每 20.5 年疏浚一次，刘家河 14 年疏浚一次，白茆河 26 年疏浚一次。尽管如此，仍不能扭转三河走向萎缩的局面，只有黄浦江，因下游江道扩大，承担了越来越大的泄水重任，到最后，终于形成了一江独贯的局面。

　　（3）注意到控制上源水量和保持中游水道通畅对全局的作用，先后在溧阳、高淳、杭州等地修堰筑坝。但这在某种程度上又加重了下游诸河道的泄水压力。

　　（4）着力改善支河浦塘水道条件，发挥整个水乡河网体系的调节作用，使之互为补充。

　　（5）加固塘堤，预防诸水汛决。

　　（6）于各河浦入江、入海口建闸，既可防止潮水内灌，亦利江河排泄，减少泥沙沉淀淤积。

　　有清一代在太湖平原的治水活动，也是功过参半。功，前面已大体说了。至于过，主要是工程多有冒滥，官员多有浮夸，影响整体质量。应该说，清代太湖平原区的河湖条件，比明代更趋恶化，到后来，整个局面事实上已很难收拾了。

七 京畿永定河的防治

 金元明时期的永定河工程

中国的大江大河中，黄河的灾患最为严重，所以特别用了很大篇幅介绍历代治黄情况。另外也谈了长江中下游和太湖平原区的水患治理。至于其他很多河流，除西南、西北、东北等边疆地区，因未经开发，或开发不多，谈不上有更多的治理，再如珠江、闽江、钱塘江，以及东北辽河等水系，我们的祖先在利用水资源的同时，也都程度不同地兴建了许多水利工程，并采用了各种拦洪防涝措施。由于篇幅的限制，不能就上述河流的治理一一加以叙述。下面，只集中介绍一下金元明以来人们对永定河的治理。

永定河属于海河水系。海河水系包括北运河、永定河、子牙河、大清河和南运河，其中以永定河最为重要。永定河上游分南北两支，北支叫浑河，南支叫桑干河。它们从山西东流，在今河北怀来附近汇合，经北京城郊，最后在天津汇注于海河，进入渤海。永定河上游山区因两岸水土流失严重，大量流沙随水而下，到怀来县进入平原后，河床开阔，水流减慢，沉沙逐渐淤积。一到夏秋，雨水稍丰，河床无法容纳，轻则向外漫溢，重则发生改道之事。在历史上，人们一直把永定河叫做"浑河"、"无定河"，亦名"卢沟河"。又因其水势与黄河相类，也有称"小黄河"的。

有关永定河的治理情况，宋以前记载不多。辽、金以后，北京逐渐成为政治中心，永定河因与都城近在咫尺，相应受到重视，修治工程逐渐多了起来。辽、金两代都有河决征夫修筑之事。金世宗大定二十年（1180 年），永定河决口，水流越过今北京城区，由西北向西南摆动；接着章宗明昌三年（1192 年），再次发生泛溢，冲毁堤防。元朝政府为确保大都（今北京）安全，对永定河的治理不遗余力，常常征发上万军民，抗洪筑堤。据仁宗延祐三年（1316 年）的统计，自京西石景山以下至武清县，已建有堤防近 350 里。在元代，人们也利用永定河进行水运，世祖至元（1264～1294 年）初年，因修建大都城的需要，曾根据郭守敬的建议，一度开金口，借永定河运送西山木材、石块。

明代永定河下游河道，继承了元以来分成两支进入海河的格局。偏北的一支由通州高丽庄汇于白河；靠南一支从霸州合易水东向，到天津再转于漕河。从水流情况看，北支因堵塞严重，主流已转归南支。明朝政府着手治理永定河，早从太祖朱元璋时期已经开始。洪武十六年（1383 年），先后疏浚了固安、霸州等地河道 135 里。永乐帝迁都北京后，修筑更为频繁，但基本上属于决而后治，包括许多新修堤岸，都是这样建成的。成化七年（1471 年），永定河南支由永乐时改流的固安、新城、雄县到霸州新河道，向东摆动到今武清县境的三角淀、直沽的旧河道入海。为了防止再次改流，明朝政府乃顺其水势，在旧河道重筑堤岸。弘治二年（1489 年），杨木厂堤决，明朝政府命新宁伯谭祐督官军 20000 人抢修堵口；嘉靖四十一年（1562 年），又命尚书雷礼疏浚河道，修筑长堤，并于险工段建石堤 960 余丈；万历十五年（1587 年），神宗朱翊钧还专门到石景山视察永定河，以表示他对河务的重视。纵观明代防治永定河，重点是放在京城西南的卢沟桥一带，这当然与确保京都安全的思想是有密切关系的。

清代大修永定河

永定河的大修治是在清代。"永定河"这一河名也是清康熙时确定下来的。

明代自万历（1573～1620 年）以后，便因战乱频仍，国家财政拮据，对永定河的防治，事实上已处于停顿状态。所以进至清初，河患又转严重。顺治八年（1651 年）和十一年，永定河两次决口改道。康熙七年（1668 年），又决卢沟桥堤，洪水竟直冲到北京南城，由崇文、宣武、正阳门入内城，连午门都遭到浸淹。到了三十一年，永定河再次改道，顺天府所属永清、霸州、文安等州县，同时被灾。

京师肘腋之地水灾频发，引起康熙皇帝的高度关切。康熙三十一年三月，内廷颁诏，令直隶巡抚郭世隆查勘修治。次年初，皇帝亲自巡视畿甸、阅看堤工，规模巨大的永定河修治工程，就此揭开序幕。在治河中，康熙帝曾不止一次地奔波于沿河各州县，还不时询问百姓，征求兴筑之法。按照原定的治河方案，是沿河南岸于新城、霸州修筑堤岸。后来听霸州百姓说，自河流改道后，永定河与清河相合，两条河水都合于一起，水势大增，形成泛决。于是，更定初见，改从偏北的固安县开河引流，避开了从清河来的水，使方案更趋实际。

康熙时期治理永定河的基本方针是，建堤挑河，疏直、浚深水道。这在很多方面与治理黄河的做法颇相类似。其实这并不奇怪，因为永定河本来别称"小黄河"，水文条件颇多雷同。康熙曾说："永定河虽小，仿佛黄水，故用水力刷浚之法，使河底得深。"他还写诗道："吾思畿内不能防，何况远治淮和黄。"原来他是有意识地把两者联系在一起，设想从治理永定河中取得经验，然后推广到难度和工程量都更大的治黄工程中去，反映了康熙皇帝钻研治河的一番苦心。

康熙三十七年四月，直隶巡抚于成龙按照皇帝指示的修治方案，疏筑兼施，开挖了自良乡（今并入北京市房山区）、固安、永清、东安（今安次）、霸州直达西沽海口的河道144里，又沿河南北筑堤180余里，使河道改向东北，与南邻的大清河水系分隔开来。七月，新河工成，于成龙请求钦赐新名，康熙帝选用"永定"二字。永定河之名便由此而来。此次治河告捷，使康熙帝颇感欣慰。他在诗中写道："数巡高下南北岸，方知浑流为民伤。""未终二年永定成，泥沙黄流南直倾。""万姓方苏愁心解，从此乡村祝太平。"尽管如此，善后的修治并未就此停顿，皇帝仍不时驾临畿甸，随时巡查指点。由于朝廷的重视，治理又比较及时得法，在40多年里，永定河没有发生改道等严重事故。

乾隆（1736~1795年）以后，永定河的泛决又日趋严重，并于二年、六年、九年、十五年、十九年、二十四年发生6次决口改道，事情又到了非大兴筑不足以平事态的地步。乾隆三十七年，朝廷派大学士高晋、工部尚书裘日修和直隶总督周元理同往勘察河岸，制定修治方案。此时的永定河情况与康熙年间有所不同，前时的毛病主要是因为河堤失修引起泛滥，故重在筑堤，实行束水攻沙。乾隆年间河身已被固定，时间一久，泥沙沉淀越来越多，堤埝随河床淤积越修越高，所以一旦冲决，祸患更难以设想。根据如此特点，高晋等人提出的意见是，疏浚中段，挑挖下口，以便通畅水流，同时加固堤岸，以防冲决；再开减水河渠，分导盛涨洪水。乾隆帝经实地巡视，写了一首诗，说明他的看法与高晋等人基本一致。诗中说："为堤已末策，中又有等次。上者御其涨，归漕则不治。下者卑加高，堤高河亦至。譬之筑宽墙，于上置沟渠。行险以侥幸，几何其不溃。"又说："下口略更移，取其趋下易。培厚亦可为，加高汝切忌。多为减水坝，亦可杀涨异。取土于河心，即寓疏淤义。"

　　乾隆年间修治永定河的规模也很大，具体工程包括：于上游宣化、怀来至宛平间，层层堆垒玲珑水坝，减缓水势；在中游建减水坝，再伴以疏浚河道、培固堤岸。后来又在永清县境挑挖引河 20 余里，实行人工改道，确保永定河河道不受泥沙冲蚀，同时也扩大了入海的途径。为了保证工程进行，据说清廷一次就拨银 14 万两用于工程。

　　永定河在嘉庆年间（1796～1820 年）还有过一次较大规模的修治。嘉庆六年，河决于卢沟桥东的西岸，冲毁石堤 4 处、土堤 18 处。清廷乃征民夫 50000 人，疏浚下游河道。嘉庆帝还为此作《河决叹》，颁示群臣。

　　在此以后，清朝政府对永定河虽仍不时有所浚修，但因政局日衰，财力不济，充其量只能做些头痛医头、脚痛医脚的小修小补的事，再不能像康熙、乾隆时期那样，大张旗鼓地治理了。

八 航运和运河

 从邗沟到汴渠

驾舟通航，进行水上运输，也是利用水资源的一个重要方面。不过从水利工程的角度来看，那些仰仗海洋和自然江河湖泊、不需经过人力疏浚改造即可畅行无阻的水道，应属于另外一个范畴。我们要谈的，主要指人工开挖的运河，以及某些经过疏浚改造后才利于航行或利于航灌兼用的水道。

中国开凿运河的历史，从有文字记载的情况来看，大致可以追溯到春秋时代。在楚、吴、越境内，都曾挖掘过运河，其中最出名的当推邗沟。公元前486年，吴王夫差为了北上与齐国争霸，发军夫开挖了一条沟通长江和淮河的人工运河。夫差开河前，先在一个叫邗的地方（今江苏扬州东南）筑城，并以此为依托，向东北延伸，途经射阳湖，直至西北的末口，与淮河相汇。这就是邗沟。当时淮河的支流泗水、沂水都源于齐国境内，邗沟还可经济水与黄河连接起来，所以通过邗沟向北，航行的地域也很宽阔。

不过当时夫差开河，主要是为了运兵运粮，炫耀吴国的武力，直到汉代以后，经过不断改造，邗沟的经济作用才明显地得到发挥。

在古代开挖的运河中，还有一条叫鸿沟，也比较出名。鸿沟兴建于公元前 361 年，在当时魏国境内，那里有个大湖叫圃田（今河南中牟县西）。魏惠王先在北面引黄河水接到圃田，又从圃田凿大沟（运河）到国都大梁（今开封）城北，随后再由大梁向东南开挖，使其与淮河北面的支流相通。由此，鸿沟接通了黄、淮两大水系，利用当时的丰富水源，既可通航，亦可灌溉田地。秦亡后，楚汉相争，曾划鸿沟为界，东边是楚，西面是汉。现在有句成语，叫做"划若鸿沟"，表示双方界限分明，出处就在这里。鸿沟在汉代叫做狼汤渠，仍是一条重要的运河。

秦始皇统一全国后，为开发南疆，在今广西兴安和灵川间，挖掘了一条灵渠。灵渠虽然不长，且很多河段是利用天然溪涧疏浚而成，但它把长江水系的湘江和珠江水系的漓江连接起来了，大大方便了南北运输，意义很大。灵渠直到明清时期，因效用显著仍整修不停。

西汉继秦以后以关中为政治中心。关中地区尽管经济发达，但仍得仰仗关东粮粟，以供应朝廷官员和卫戍军队之用。特别是武帝时，北边、西边的军事活动频繁，各种兴筑又多，都需要有足够的粮食作保证。当时，从关东通过黄河转渭水漕运至关中，需历时 6 个月，且途多艰险。武帝元光六年（公元前 129 年），大司农郑当时提议开挖漕渠。漕渠起自长安，在渭水南面，与之大体平行，于潼关附近和黄河相接。漕渠的水主要来自渭水，3年后竣工。用漕渠运粮，每年达400万石，最多到600万石，大大缓和了关中对粮粟的需求。

东汉建都洛阳后，着力于改造汴渠。汴渠是济水的支流，向下流入泗水，上游接受黄河来水。因为它横越东西，所以自西汉时候起，就被用作通漕运道。王莽始建国三年（公元11年），黄河改道，汴河被堵，这给新建的东汉漕运带来莫大的困难。明帝命王景治河，也包括重开汴河。前面说到王景在河汴接口处设置水门，便是整治汴河工程中的一项重要技术措施。

秦汉以至隋唐，关东和关中之间的航道联系，一直受到黄河三门峡砥柱的掣肘。为了解决这个问题，历代政府都曾作出很大努力。西汉武帝时，有人提议开凿从南郑（今汉中）褒谷口向北直通渭水支流斜水的褒斜运道，把汉水与渭水连接起来，以避三门之险。开通后，因斜水水流湍急，且多礁石，无法通航而作罢。后来，成帝鸿嘉四年（公元前17年）、曹魏景初二年（238年）、西晋泰始三年（267年），以及在隋唐时期，都有人尝试于三门险滩做削礁平石的工作，但限于当时科学技术水平，效果都不理想。通过这些不成功的试验，也可看出人们为改善关东和关中地区的水上联系，曾作出过何等巨大的努力。

通济渠和永济渠

通济渠建于隋大业元年（605年），起自隋东都洛阳，然后伸延向东，经荥泽、陈留、雍丘（今河南杞县）、宋城（今河南商丘南）、永城、夏丘（今安徽泗县），最后在盱眙附近与淮河汇合。通济渠先后引用黄河水、汴水和淮河水，其中很大部分是借用已往人们开凿的故道整治而成，是隋代大运河网络中重要的组成部分。通济渠于当年三月动工，八月就完成了，总共花费时间不足半年，但动员的劳力竟达100万。在修河过程中，还在两旁铺筑宽40步的御道，路边种植柳树作为点缀。

隋炀帝在开挖通济渠的同时，又征发淮南的10万百姓，整修山阳渎。山阳渎北起淮河边上的山阳县（今淮安），南到江都县的扬子津（今扬州南），沟通了淮河与长江两大水系。山阳渎基本上沿用原来邗沟的旧道。炀帝整修时，要求也与通济渠一样，两旁筑起御道、种植柳树。

通济渠和山阳渎，全长2000余里，从北到南把黄河、淮河、长江连在一起，是隋代最重要的运河渠道。

如果说通济渠和山阳渎的开凿，从长远眼光来看，具有相当的经济价值，那么隋炀帝开挖永济渠，更大的意义在于军事之用。永济渠也是充分地利用旧有渠道和部分天然河流，经沟通整修而成。它借沁水在洛口对岸与黄河相通，然后沿曹魏时修建的白沟水道北上，到今天津附近折往西北，至涿郡（今北京）而止，长约 2000 里，与通济渠、山阳渎大体相等。

隋炀帝在短短几年时间里，连续修起了永济渠、通济渠和山阳渎等运道，这固然说明隋朝在统一全国后，经过文帝 20 多年的休养生息，经济有所发展，国力亦较充沛，但它同时也刺激了朝廷内部某些人的腐化贪欲和好大喜功之心。炀帝便是其中的突出人物。他修通济渠和山阳渎，直接出发点是游幸南方，到江都看琼花。开永济渠则是要扬兵北上，远征高丽。为了赶挖这几条运河，隋朝政府先后征发百姓丁役达 300 万人。在开永济渠时，因男丁不足，把妇女也抓来充数，而且每次兴筑都限时限日。上有所好，下必甚焉。官员层层严厉督促，役夫们因为劳动量过大，生活条件恶劣，竟至死亡者十之四五。就在这种百姓们怨气难平的情况下，隋炀帝还要穷奢极欲，乘着装饰豪华的龙舟，携带宫妃百官和各色随从不下 10 万之众，沿着运河南走北转。终于，人们的怒气像火山一样迸发出来，没过几年，炀帝兵败被杀，隋朝灭亡。隋炀帝的种种暴行，虽然只是中国运河修建史中的一个插曲，但它说明了，尽管这些工程，从沟通各地联系、发展经济的角度看是有益的，但超越时间和条件限制，不恤民力，连兴大役，便会产生适得其反的效果。这也是历史留给我们的教训。

隋炀帝留下的通济渠和永济渠，在唐代充分得到利用。唐代把通济渠叫做广济渠，又称汴渠（已不是原来的汴渠）。为了适应唐政府越来越多的漕运需要，玄宗开元年间（713～741 年），曾几次征发民夫，整修汴渠。根据汴渠容易堵塞的特点，又规定每年正月发动近旁百姓进行疏浚。对于洛阳到长安间的运输，唐初曾以陆运过三门峡险滩，然后再改渭河水路，所以很不方便。开元二十九年，陕郡太守李齐物，在靠近三门峡的北岸凿山，开了一条石渠，减少了陆运的周转，提高了向关中的运输能力，也使汴渠能发挥更大的作用。

对于永济渠，唐代也作了某些必要的改造，如避开沁水，改由淇水入黄河，再通过洛水到洛阳，还适当拓宽了某些河段的河道。在河北道境内又加挖了支渠，使之与干渠构成一个比较完整的水运网络。

3 宋代的汴渠及其他河运

宋代沿袭唐代的叫法，称通济渠为汴渠或汴河。宋都东京（今开封），正是汴渠流经之地。当时，东南地区出产的粮食及其他各种物品，都通过汴渠等运道，源源不绝地送到京师，成为北宋政府仰赖最深的一条水上动脉。汴渠的水量主要由黄河补给，河中的泥沙亦随之进入汴渠。为了保持该水道的通畅，宋朝政府十分注意对沿岸堤防的建设和维修，还采取多种措施，疏浚河道，设置"提举汴河堤岸司"、"都提举汴河堤岸"等衙门，以加强管理，定出岁修制度，进行人工清淘。

宋代的清汴工程中，最值得称道的便是"木岸狭河"法。它是在河道较宽、积沙严重的地段,用木桩、木板收紧河身,加大水流速度,从而将沉淀的大部分泥沙冲走。这与明清时期在治黄工程中大力推行的"束水冲沙"法,在原理上是一样的。宋朝政府对黄河与汴河接头处的汴口维修也十分重视。由于黄河水势变动不已,所以宋代的汴口也处于经常移动之中。每年春天,近旁各州县就要调集民夫,修筑和疏浚汴口,并采用人工控制流量。黄河水涨时将汴口塞小,反之加宽口子。这固然费时费力,但在技术上不失是一种可行之法。

宋朝政府尽管在保持汴河通畅中作了很大的努力,但不能改变航道越来越浅涩的严重事实。到神宗时(1068~1085年),东京以下的雍丘、襄邑(今河南睢县)一带,河底已高出堤外平地1.2丈有余,站在汴堤上鸟瞰民居,民居犹如处于深谷。在此情况下,放弃旧的黄河接口另找别的出路,已势在必行。神宗元丰二年(1079年),宋朝政府在几经调查讨论后,决定把汴口改到黄河支流洛河上。洛河在原汴口西边,水的含沙量大大低于黄河,但水量远不及黄河充沛,必须串联附近河湖沟陂,作为补充才行。整个引洛入汴工程包括挖掘一条长51里的河道,沿河修堤103里,还要兴建一些为控制水量而设置的闸坝、斗门之类,共费时45天,用工量907000个。引洛通汴后,虽还存在如水势涨落明显等缺点,在实施通航中,也有过反复,但权衡而言,成就还是主要的。引洛以前,汴口冬闭春启,每年通漕200多天。引洛后,可四季航行不辍。北宋灭亡后，形势发生剧变，汴河航运急速衰落，河道亦因之失修，不久便被湮没了。

隋唐时期的永济渠，经安史之乱后，因失修破坏严重，水口多遭淤塞。北宋政府乃开御河以通河北边塞。但因河道时遭淤填，加上宋辽对峙等政治、军事原因，御河功能较先前的永济渠已大大地衰落了。后来金建都中都（今北京），御河的地位才又有所上升。

山阳渎宋代叫淮扬运河。按照隋唐时期的格局，由汴渠至山阳渎，中间须经过淮河，运船常有风浪之苦。北宋时，人们在山阳县末口和盱眙县龟山之间，沿淮河与洪泽湖不远处，开了一条新河，以保证航行的安全。淮扬运河也有枯水河浅和洪水防溢的苦恼。对此，宋朝政府沿河修堰、闸、斗门 70～80 处，还筑堤防加固河身，还利用附近塘泊之水，以增大枯水期间的水量。

宋代水运发达，在很大程度上与宋朝政府重视疏浚河湖、开挖人工运河是分不开的。当时围绕东京的水道，除汴渠外，还有接通陈、蔡（今河南省和安徽淮北一带）的惠民河。去东北齐鲁地区的有五丈河等。又在今叶县和南阳之间开凿运渠，使淮河水系与汉江相连。在长江中游的江陵（今湖北沙市），则利用天然河湖，向东与汉江相沟通。隋炀帝时正式开通的自京口（今江苏镇江）至临安（今浙江杭州）间的人工运河，唐、五代沿用不废，称江南运河。宋代在先前基础上，又作了不少整治和改造，先后建京口、废（音líng）亭（今江苏丹阳市境）、望亭（今无锡市境）、长安（今杭州北海宁市境）等堰闸，并引江潮和练湖、西湖、临平湖等水以加大水量，使江南运河的运输能力达到一个新的水平。

 ## 南北大运河的开凿、维修

现在我们在地图上看到的从北京到杭州的南北大运河，是元代开始形成的。

元朝把国都定在大都，就是今天的北京。元代大都所需要的南方粮食等物资，开初多采用水陆联运，或海运、河海联运的方式加以解决。所谓水陆联运，除中间一段因黄河改道有所变化外，大体沿着宋代业已形成的路线辗转而北，即自江南运河、淮扬运河，然后溯黄河至开封北岸，陆运到淇门（今河南汲县东北），再改水运，沿御河入通州（今北京市通州区），陆运进大都。这是一条费工费时且效率不高的运输线。据说竭尽全力，年运输粮食才30万石。第二条是海运，中间经多次探测，最后采取从长江口附近的崇明岛出洋，贴着海岸北上，越过山东半岛的成山头（今属荣成市），经渤海到达界河口的直沽，再转运大都。在这中间，还一度实施过河海联运，就是在山东胶州湾的胶县向北开掘一条运河到莱州的海沧口，叫胶莱运河。胶莱运河既可避成山头风浪之险，又缩短绕山东半岛海程300里，本来是件好事，但限于水量不足，加上胶州湾入口处礁多浪急，使运丁颇感棘手，所以航行不久便弃置不用了。海运或河海联运，大大提高了物资运输量，每年四五月间起运的江南漕粮，利用信风和洋潮，10天左右即可抵达直沽，为河运所不能比拟。

海运或河海联运，诚然便捷可行，但在当时的科学技术条件下，代价也是很大的，主要是海洋风涛无测，时有漂没倾覆之事。为此，从元初开始，政府便开始探索开凿一条南北直通的内河航道。这条航道，有的有现成的运道可以利用，如杭州到镇江的江南运河、扬州到山阳的淮扬运河（即山阳渎）、山东临清至直沽的御河河段等；还有部分则须借用天然河流，像淮安至徐州，正是黄河流经之处，徐州到山东任城（今济宁）有泗水，直沽至通州间有潞水。但是，利用现成河道，不等于说便可原封照航。因为从宋到元，中间曾经历了宋辽、宋金的长期对峙，后来，元军长驱南下，这一带又饱受了战争的创伤，所以到元朝统一全国时，上面所说的很多河道，都因长年失修而不同程度地受到损坏。像淮扬运河壅塞水浅，航行不畅；御河河道亦因黄河决溢，沙积水走。元朝政府要恢复通航，还得花费相当力量加以疏通才行。

疏通了现有河道，还不等于南北水运便可贯通起来，因为中间还有若干段落处于空缺状态。世祖至元十九年（1282年），元朝政府动工兴筑山东任城到须城（今东平县）安山的济州河。济州河全长150里，南北流向，水源借自汶水，兼通泗水。济州河原本是作为河海联运的一个配套环节而开凿的，结果却成了南北运河中的重要组成部分。

济州河开通后，接着又有修建会通河之议。会通河南与安山济州河相接，然后北上经寿张、聊城，到临清与御河连通，长 250 里。会通河于至元二十六年正月底开工，发丁夫 30000 人，共用工 250 万个，历时 4 个多月，到六月中旬完毕。为了调节水量，在寿张、阳谷、聊城、临清等境建闸 11 处，共 20 座。这些水闸，开始多用木制，因木料经不住水流冲击，容易损坏，不久便易木为石，使之牢固。

在南北运河中，最后一道工序便是解决通州到大都的航运，即开凿通惠河。通惠河长 164 里，距离不长，可难度不小，主要是水源不充分。金朝建中都，为运输粮食，曾试引高梁河和白莲潭（玉泉山）水来接济通州到中都的河运，但因水源不足，归于失败。此次修浚通惠河，由著名科学家郭守敬主持设计。他鉴于金代开河失利的教训，决定另觅水源。他经详密考察，并实地作了地形测量，决定把昌平东南的白浮山泉引到西山山麓，再南折瓮山泊（今北京颐和园内的昆明湖），然后入城汇聚于积水潭。当时的积水潭是大都粮船停泊的终点。积水潭水继续东走，穿过通州城，到南边的高丽庄（张家湾西），汇入旧运粮河。通惠河共设闸门 24 座，目的是调节水量，保证粮船通行。

通惠河的建成，标志着南北大运河的正式开通。它北起大都，穿越海河、黄河、淮河、长江四大水系，以浙江杭州为终点，全长 1700 余里，突出地体现了中国人民在水利工程中所表现的聪明和才智。元代开挖

131

的京杭运河，还没有来得及发挥应有的效用，元朝就灭亡了。其成果为明朝、清朝所继用。明清两代政府都以河漕为重，把南北大运河视作京师得以存在的生命线，改建整修不断，使运道更趋系统完善。

明代对运道的重视随着成祖朱棣迁都北京后经济上的需要增加而更趋突出。洪武二十四年（1391年），黄河在河南原武决口，北流进入会通河，造成堵淤，同时在其他河段上，也不同程度地存在浅淤不畅的情况。永乐初，户部尚书郁新规划南粟北运，不得不多方绕道。运船从南直淮安府城起，经洪泽湖入淮河，转颍水（淮河支流），在河南陈州颍歧口进至沙水，然后进入黄河至八柳树（在卫辉府境）等处，征发丁夫陆运赴卫河再水运往北京。这条路不但绕道，而且有水有陆，中间多次起驳，十分麻烦，所以运输量也不会很大，根本适应不了业已变化的新形势。

为了重新疏通大运河，明朝政府于永乐（1403～1424年）、宣德（1426～1435年）时，先后派工部尚书宋礼和平江伯陈瑄主持修复工程。宋礼首先开通了济宁至临清的会通河，建闸15座，又根据地势在引入汶河水时，将原在济宁的分闸改由汶上县西南的南旺进行分水。据说这是采纳了汶上县一位老人的建议，目的是使会通河的水量能更合理地得到利用。陈瑄的功劳，主要是改善南直地段河道在原设计中存在的问题：开凿淮安城北清江浦河道，使船舶进入黄河时免受过坝盘驳及风险之苦；于淮安南筑高邮、宝应等湖堤，堤上作纤道，使运河与诸湖分开，以方便运输；徐州吕梁地陡水急，舟船难行，陈瑄乃开渠修闸，化险为夷；运河南下，在瓜洲与长江相交，由于运河水位高于长江，故得筑坝拦截，可这样做就要影响船只通过能力，陈瑄除疏浚通坝河道，增建减水闸外，还开凿了扬州白塔河，建闸 4 座，江南粮船可从常州西北孟渎河过江，由白塔河进抵漕河，节省了瓜洲盘坝的劳苦和费用。通过宋礼和陈瑄所做的工作，可以看到明朝政府重新开通大运河，不只是简单的修复，而是包括了对某些旧河段的改造和作出新的设计。

至于京师近旁的通惠河，因明代修建北京城时，把由瓮山泊引至积水潭后的一段河道圈入到皇城之内，通惠河分成两段，水源受到影响，很难通航了。后来虽几经修浚，想用别的水作补充，但都无济于事。实际上通州成了大运河的端点，一直到清代都是如此。

经过宋礼、陈瑄等人的努力，南北大运河得以贯通。但一个大问题仍时时困扰着明朝的官民，那就是黄河滥决对运道造成的破坏。当时政府的基本原则是"控黄保漕"，实际上是保漕重于治河。有关明朝修治黄河的情况，前面已作过介绍。除此以外，明朝政府还设想减少漕运对黄河的依赖。嘉靖六年（1527 年），黄河北决，沛县以北地区均遭水淹，泥沙淤填昭阳湖，运道受阻。在这种形势下，有人提议于昭阳湖东再开一条新河，并在西岸筑堤以为屏障，抵挡黄水的侵袭。但因种种原因，这个意见直到隆庆元年（1567 年）才得以真正实现。这条新开的河道，起自沛县南边的留城，然后向北与旧河隔昭阳湖相望，一直延伸到山东鱼台县南阳镇，全长 140 余里。连同留城、南城在内，共建闸 9 处，土堤 35280 丈，石堤 30 里。这段运河，人们都习称为南阳新河。南阳新河开成后，接着需要解决的便是留城以下的那段河道。隆庆三年（1569年），黄河再决沛县，大批粮船壅积在徐州以东的邳州（今江苏邳州市），于是经人提议，决定开泇河以避徐州上下黄河之险。泇河运河借泗水支流泇河等水，从沛县东边的夏村起，穿行于微山湖等诸湖泊间，向南行进，最后在邳州东南与黄河相接，全长 260 余里，避开了邳州至徐州的 300 多里黄河运道，但中间山冈高阜石坚，开凿不便，而微山等湖又不宜作堤，所以工程开开停停，直到万历三十二年（1604 年）才完全竣工。

有明一代，虽然为把运道与黄河分隔开来花了很大力气，但直到明亡，仍有宿迁至淮安段借用黄河河道，到了清代才最后解决。康熙二十五年（1686 年），靳辅在宿迁北张庄运口开渠，经桃源到清河（今淮阴）仲家庄入黄河，叫做中河。中间紧贴黄河东岸，两边夹着缕堤和遥堤。康熙四十二年，清朝政府鉴于漕船出清口至仲家庄尚有一段逆水，航行不便，又改移到再下游的杨庄为中河河口。从此，运河除经过黄、淮交口处外，已完全和黄河段脱离了关系。自运河摆脱黄河河段，以清口为交汇点后，清口便成为治黄、导淮、济运三者矛盾的中心点，所以修治不停，成为清朝政府施工最勤、靡费钱银最巨的地方。

在清代，对运河的其他河段也有维修和改善，如：

把独山、昭阳、微山、骆马等湖泊当作水柜，建了许多闸坝，水盛时蓄积储存，以便运道浅涩时放水济运；为防止洪泽、高邮、宝应、邵伯等湖泛涨，危害淮扬段运道，清朝政府一面修筑重堤拦堵，同时又筑各种减水坝，以分减淮河洪水。

明清两代政府为保持运河的通畅花费了很大的精力，但因种种缘故，运河的故障仍层出不断。到了清代中期以后，黄河下游的淤堵已经越来越严重，其中最突出的便是清口梗阻，黄水不断倒灌。一些被当作水柜的各类湖泊，也因泥沙堆积逐渐失去作用，而清朝政府又因财政窘迫，无力大加修治。咸丰五年（1855年），黄河发生大改道，运河亦受害匪浅，很多运段无法通航了，漕粮改由海运。光绪二十七年（1901年），清廷颁诏，决定将漕粮改为折色（由缴粮改为折成银子缴纳），漕运废止。光绪三十年，将负责漕粮运送的漕运总督裁撤。从此，清朝政府更无心去顾及修治运道了。

大致在清灭亡前，大运河除江南、淮扬、山东南部沿湖地区，以及直隶境内的某些河道外，其余均已淤废，无法贯通了。

纵观南北京杭大运河，从水利工程史的角度来看，不愧是一项伟大的杰作。它沟通了北方政治、军事中心与南方财赋之区的联系，使两者密不可分。它大大开阔了沿河地区人们的眼界，扩大了他们就业的门路。一些城市如扬州、淮安、济宁、临清，以及天津、通州等的兴起和繁荣，在很大程度上是与运河的发展息息相关的。

但是，在谈到运河的积极方面时，也不能不看到它的消极方面。首先，自元代起，至明清，历代政府不惜投入巨大人力物力，开挖、维护运道，其目的不过是要保证每年几百万石漕粮进京。由于这条航路的水文和地理条件并不理想，许多河段不是水源不足，就是易遭浸决。为此，国家只好规定，蓄水放水、闸门启闭，均以利漕船来往为最高原则，至于一般客商私船，限制很多，航行并不方便。

其次，政府为了保漕保运，引水济运，把运道近旁的很多自然江河湖泊，都不同程度地利用来为漕运服务，甚至不惜打乱原来的水系。特别这些地区多属低洼平原，鲁南和江淮一带又江湖密布，水系紊乱后，给河道的正常排泄和地面沥水的排除造成障碍，人为地制造了许多洪涝灾害。

再次，运河的开通，本来对于沿岸田地灌溉是个福音，可因为要蓄水保运，政府严禁近河农民私戽河水，尤其是在大旱之年，即使两岸禾苗缺水枯黄萎死，也不敢贸然汲取。至于周边湖泊塘潭，亦因要保证运河水量，无法或限制使用，造成因利致害。

最后，国家为维修运道，不断向民间征派各种物料、工役（清代原则上已实行雇役制），沿河地区亦是首当其冲。另如漕军、驿递往来所带来的骚扰，也常使百姓有苦难言。

清末运河航道的衰落和淤废，在很大程度上与开始时业已存在后来又无法克服的种种矛盾是密切关联的。

九 东南沿海的海塘

 早期的海塘建设

海塘亦称海堤，也有叫海堰、海堆的。既为海堤，顾名思义，当然是建立在沿海地区，为防止海潮侵袭陆地而兴筑的设施。在中国成语中，常有"沧海桑田"之说，其本意是大海可以淤积成陆地，变作桑田；同样，桑田因遭潮水袭击，崩塌也可成为大海。修建海塘，就是要防止人间桑田为风潮巨浪吞噬，变成茫茫汪洋，具有保护滨海人民生产生活安全的作用，是中国水利史中一个重要的组成部分。

中国的海塘主要集中于东南沿海的江苏、浙江两省。另外福建、广东，人们也筑海塘。这大概与这一地带潮汐凶猛，海水对陆地的冲刷侵蚀较多有关。浙江杭州湾北岸的海宁、海盐一线，早先的海岸线远比今天要靠南得多，由于海洋潮流的不断冲击，陆地一块块塌陷，到元明之际，杭州湾已向北推移了近百里远，变成现在看到的这个样子了。有的地方虽没有发生像杭州湾北岸那样的严重事态，但海潮冲向陆地，冲毁房舍、漂没人畜，造成农田盐碱化，也是一种大灾难。

中国在沿海地区修建海塘的历史，可以追溯到东汉初期，约相当于公元 1 世纪前半叶。有一则华信兴筑海塘的故事，流传至今。据说有一个叫华信的人，到今天的浙江杭州做官。当时的杭州叫钱唐县，县城紧靠着大海，经常有海潮冲击陆地，给人们带来灾难。华信想了一个办法，说谁能运送一担土石到海边，就给谁发 1000 铜钱，众人很高兴，纷纷担土挑石，霎时间堆积了好多。可华信没有实践付钱的诺言，却用这些土石原料，垒了一道海塘，抵挡海潮侵袭，算是对钱唐人民的报答。根据史籍的记载，华信修海塘，就出在东汉初年，虽然故事的传奇色彩太浓，但除去其夸张离奇之处，基本事实还是可信的。

到了三国两晋时期，中国东南沿海地区的经济有了较大的发展，于是建堤防海潮的事也就多了起来。晋成帝咸和年间（326～334 年），虞潭在沪渎筑防海垒，以防海沙。沪渎垒在今上海宝山区境，说明此时苏南海滨也已修建海塘。及至唐代，海塘兴筑更加普遍。玄宗开元元年（713 年），政府在盐官重修捍海塘 124 里。盐官即今浙江海宁市，既为重修，初筑时间当然更早。再如苏州华亭县（今上海松江区）也筑有海塘。在越州（今浙江绍兴），开元十年筑上虞至山阴防海塘，后来大历十年（775 年）和大和六年（832 年）又两次加以增修。

在今江苏苏北地区，那里的海边也建有海塘。北齐天保时（550～559 年），杜弼在海州筑长堰，外遏咸潮，内引淡水。唐开元十四年（726 年），海州刺史杜令昭鉴于潮汐不时威胁城郭，于城外围修了一条叫"永安堤"的大长堤。据说这是专为保护城市而修筑的第一道海堤。

在淮南海滨，有一条北起今阜宁，南向经盐城、东台、如东到启东吕四场镇的长海堤，叫做"范公堤"，系北宋仁宗天圣五年（1027 年）著名政治家范仲淹主持兴筑的。范公堤的前身可追溯到唐代大历年间（766～799 年）修建的"常丰堰"。据记载：常丰堰的兴建，挡住了海上咸潮的浸灌，使大片盐碱地可以用来屯田，收成比以前增长了近 10 倍。范公堤后来曾不断维修扩建。范氏初修时长 150 里，后来有人增至 200 余里，元代延长到 300 里，及至明代已号称 800 里。由于苏北地区的海岸线不断向外延伸，到清代，堤塘离海已有 100～200 里之遥。尽管如此，它对保障著名的两淮盐场的生产和人们的生活，仍有不可忽视的作用。

在今广东、福建沿海，隋唐时也开始修建海塘。唐贞观元年（627 年），福建连江县东北 18 里，筑柴塘 1 道。大和六年（832 年），闽县令李茸（音 qì）目击六月咸潮浸灌平地，造成禾苗枯黄，田地碱卤，于是发动在县北修建海堤。这位李茸，后来调到毗邻的长乐县当官。长乐东南傍海，地理条件与闽县大体相同，所以也仿效闽县筑起堤防。福建的海塘在宋明两代进一步发展，并更趋于系统完整。

广东的开发略迟于福建，不过在唐代，珠江三角洲地区已出现有类似海堤的建筑。南宋以后，岭南一带经济发展迅速，筑堤工程更急剧增多。广东筑堤，多以围海造田的形式出现，有关这方面的情况，在前面"广东的堤围"中已有介绍，这里就不赘述了。

浙江海塘

中国的海塘建设，最具规模的当推浙江海塘。浙江海塘主要分布于杭州以西的钱塘江和杭州湾两岸，北岸称浙西海塘，南岸叫浙东海塘。浙江海塘真正在技术上趋于成熟，并逐渐形成完整保障系统是在五代和两宋时期。这一方面与五代时期吴越政权和南宋王朝均建都临安（今杭州）有关，京畿之地，安全自然不容受到威胁，但同时也表明了浙江杭嘉湖和宁绍平原地区经济实力的增强，稍有疏忽，国家的大笔财赋收入就会受到影响。

前面说过，浙江海塘早在隋唐以前已有兴筑，但那都是在局部地段修砌的土堤。五代后梁开平四年（910年），吴越王钱镠鉴于临安滨海，土堤不耐江流海潮冲击，便在候潮门外建起第一道用竹笼装置石块堆砌的捍海堤。这种竹笼石塘，是先把剖开的竹子编成长几十丈的笼子，笼里填装石块，然后在堆砌石笼的前面打进6行木桩当作护卫。竹笼排列大体是底宽顶窄，一层压着一层。为了稳定海塘的根基，他们还埋入铁轮，用铁索将其与木桩系在一起。当潮汐冲击海塘时，同时也把所带沙土遗留在堤边，时间一久，淤积物渐渐增多，既加宽了塘基，也填实了塘岸，使堤防更加牢固。类似竹笼石塘的技术，在中国起源很早，前面谈到先秦时李冰建都江堰，东汉王景修治黄河，都以此来筑坝修堤，但将其用于海塘，则始于钱镠。钱镠的竹笼石塘法，针对杭州湾和钱塘江潮流猛烈的特点，在加强塘基等方面作了许多新的尝试，并在技术上有所突破。

两宋以后，杭州湾和钱塘口的潮汐趋于北向，海水不断侵蚀海宁至海盐一线的沿边陆地，也给浙西海塘防护带来更加严峻的局面。真宗大中祥符时（1008～1016年），两浙转运使陈尧佐等，针对海宁一带地脉虚浮、基地松软易陷、承载能力低等弱点，参考黄河堤工中的埽工技术，创造了一种柴塘工艺。柴塘用树枝、荆条作材料，扎紧捆实，然后每铺柴埽一层，便垫上泥土夯实，如此堆积加高而成。为了避免受潮水冲击发生松垮，柴塘在迎着大海方向处，还要打上木桩，使柴埽联结在一起。柴塘的优点是自身重量轻，且有柔性，适合于地基条件不好、潮流汹涌的地段，对某些特殊的抢险工程，也很有效，同时在造价方面也较石塘低廉。柴塘的缺点是树枝、荆条容易腐烂，隔不多久便需重修。再就是在遇到飓风狂浪时，柴塘还有被层层掀揭的危险。因此，从更保险的角度着眼，在一些险工地段，建筑更加坚固的石塘，那是很有必要的。

宋代的石塘建筑不少。仁宗景祐时（1034～1038

年），有关当局曾筑临安六和塔至东青门石堤 12 里；庆历四年（1044 年），杭州知州杨偕续修石堤 2200 丈。当时，政府又多次在临安、盐官以及浙东的定海（今镇海）、余姚、山阴（今绍兴）等地修筑石塘。宁宗嘉定十五年（1222 年），浙西提举使针对盐官沿岸大片陆地沦于大海的惨痛事实，提出修筑两道相互配合的堤防，外层捍海的叫咸塘，内层称淡塘，也叫备塘。两塘之间又开挖一条备塘河（其土可用来培补备塘），目的是积蓄从咸塘外渗透进来的海水，同时也能用作筑塘时运送物料的水道，可谓一举两得。

元代除泰定年间（1324～1328 年）杭州湾北线一度吃紧，造成海溢外，在多数时间里，潮流转向南岸，所以浙东的海塘修建甚为频繁。至正七年（1347 年），有一叫王永的小吏，在上虞后海主持修筑石塘 1944 丈，被认为在技术上有新的发明。王永十分重视基础工程，每丈地内打纵向 4 行、参差排列的木桩 32 根，再在基桩上平置长 5 尺、宽 2.5 尺的 4 块条石，作为塘基，然后纵横交替地垒砌同样尺寸的条石，一般是 6～9 层。石塘的背海部分又堆砌碎石，碎石外铺土，使潮水不得渗入陆地。王永创建的石塘，与至正元年（1341 年）余姚州判叶恒所修石塘大体相似。不过王永更注意基础建筑，石条的垒砌呈壁立式，没有坡度。王永创立的石塘，后来一直经受住了考验，浙东绍兴府属各县的沿海石塘，都仿效此形式进行修建。

明清两代，政府为修建浙江海塘，投入了巨大的人力物力，同时在工程技术方面也更加成熟，超过了以往任何一代。当时，海塘工程的重点是在浙西。不过因潮流的影响，明代偏重于海盐、平湖一线。根据文献记载，有明一代，曾在海盐、平湖修筑海塘21次，其中较大的工程有洪武三年（1370年）、成化十三年（1477年）、弘治元年（1488年）、万历三年（1575年）和十五年等5次，大致到明末，这一带的海塘基本上都已改成石砌式。对于海盐以西的海宁地区，明代虽不乏兴筑，但正如前面所述，因此处地质条件不好，很多地段还未能修建石塘。

清代自康熙以后，浙东上虞海边无名沙涨，南大门封闭，潮流转向北岸，海宁地区不断发生海塘冲决、潮水涌入陆地的事故。这样，海宁沿岸便成了海塘工程的重点，其中最重要的是改建老盐仓鱼鳞石塘。老盐仓改建石塘开始于康熙五十九年（1720年），中间断断续续，直到乾隆四十八年（1783年）才完全竣工，历时六十多年。在此期间，乾隆皇帝还于二十七年、三十年和四十五年三次亲临海宁视察塘工，对浙西海塘建设起了重要的促进作用。

在浙东，明代除将会稽县境的土塘改建成石塘外，还在宁波、台州、温州等沿海地区陆续修建海塘。不过宁波以南的海塘，多具有围垦滩涂的性质，零散而互不连接，不像杭州湾和钱塘江两岸完整划一。清代浙东海塘的重点工程有康熙末年修筑的上虞夏盖山以西石塘2200余丈，百官至沥海所（都在上虞县境）和东接余姚县境的土塘10000余丈。雍正时又修会稽、上虞、余姚等县石塘7000余丈。到了乾隆、嘉庆年间，清朝政府又在绍兴府所属萧山、山阴、会稽、上虞、余姚等县多次维修加固石塘，还将部分土塘改建成柴塘。从康熙中期起，由于杭州湾南岸的海岸步步北推，所以新修的海塘也不断向着北面推进。到清末为止，在余姚、上虞一带，竟出现相互平行的 5～6 道海塘。这一条条海塘反映了人们与海争地的英勇气概。

明清两代海塘建设中技术含金量最高的当推康熙时浙江巡抚朱轼主持修筑的浙西鱼鳞石塘。鱼鳞石塘最早出现于明代嘉靖时（1522～1566 年），由浙江水利佥事黄光昇设计创建。他像王永那样，十分注意石塘的基础工程，要求先在塘基处挖去浮沙，打桩夯实。全部塘身为 18 层，底面两层铺纵横交错的 5 块条石，然后每隔两层各向里收缩若干尺寸。如 3～4 层为 5 纵 4 横，5～6 层 4 纵 5 横，7～8 层纵横各 4，自 15 层起，层层收缩，直至 18 层是 1 纵 2 横，形成一个阶梯形。石塘背面加培土层，用以增强塘身的强度。站在这种石塘上往下俯视，很像有规则的片片鱼鳞，所以俗称鱼鳞石塘。清代修建的鱼鳞石塘，较之黄光昇的设计又有所改进，主要在塘基处理上更加严格。每筑塘 1 丈，打马牙桩 80 根，梅花桩 70 根，尤其在临水处采取双排密集的马牙桩以抗御潮水的冲击。塘身仍为 18 层，每层往里收缩，从第 10 层起，各条石间都用铁锔、铁锭嵌扣，再用石灰、糯米、沙拌和成三合土浇灌结实，9 层以下用平砌条石铺成两道坦水，背面再培土加固塘身。

在清代修建鱼鳞石塘的过程中，还有这样一个故

事。当时最大的难题就是打地基进桩。海宁沿海号称
"地脉虚浮"，往往木桩刚刚打下，就动摇不实，也有
的干脆打不下去，或打下后隔些日子又自动顶冒出来。
很多人用各种方法作试验，都没有成功。乾隆皇帝南
巡时到海宁作视察，也感到无能为力。正当大家一筹
莫展时，有位老塘工提出建议，要大家先用大竹探测
下桩位置，待确定无误后，将 5 根梅花大桩同时打下，
再夯筑坚实，结果一举成功，攻破了筑塘技术上的最
大障碍，为全面改建鱼鳞石塘奠定了基础。乾隆四十
五年（1780 年），皇帝第三次巡视海宁塘工，听到了
这则故事，专门写了一首诗加以颂扬：

却闻夯桩时，　　老翁言信应；

竹扦试沙窝，　　成效免变惊；

因下梅花桩，　　坚紧无欹倾；

鱼鳞屹如峙，　　潮汐通江瀛；

功成翁不见，　　讵非神所营。

　　清代在海宁修建的这道鱼鳞石塘，共长 4200 余
丈，直到今天，还完整地屹立在海边。它体现了中国
古代塘工建设史上的最高水平。

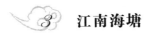

3　江南海塘

　　江南海塘，系指江苏长江以南的沿江沿海堤塘。
它北起常熟耿泾口，然后经太仓、宝山、川沙、南汇、

奉贤，到西南金山卫（今上海市金山区）的白沙湾，与浙西海塘相衔接，全长 500 余里。其中川沙至金山段，因濒临东海和杭州湾，直接经受海潮冲击，属险工段。元明以来，南汇、川沙等地因长江南岸滩涂不断向外扩展，海塘也一次次向外推移，出现了与浙东上虞、余姚等县那样，有里中外等多层海塘的格局。相反，南边的金山卫一带，却由于杭州湾海潮变迁，而步步向陆地进迫。

大概从宋元时期起，苏南一带已经建立起比较完整的海塘体系。到了明代，兴筑更多，计洪武到崇祯（1368~1644 年）的二百多年，政府曾多次大修江南海塘。前面说到的南汇、川沙的三道海堤，就是万历年间最后形成的。清代大修浙西海塘时，江南海塘也没有受到忽视。雍正时先后将松江府所属各县土塘改建成石塘，同时加筑上海、南汇、宝山、华亭、奉贤等地土塘数百里，到乾隆前期，西边的太仓、常熟土塘也先后被改建成石塘。当时，清朝政府还在一些必要的处所修建石坝、涵洞、坦水，以加强抗潮能力。

在江南海塘建设中，值得一提的是修筑滩坝工程，其种类有护滩坝、拦水坝、挑水坝等等。护滩坝一般建于高低潮位间的滩地上，与海塘相对。修筑时先沿滩打上排桩，再在桩内堆置石块呈斜坡形，高度与低潮位时大体相等。护滩坝的作用是保护滩地，海水中的泥沙通过潮汐，不断地被拦截在坝里，逐渐堆淤，巩固塘脚。拦水坝的建筑方法与护滩坝相近似，只是修筑地点要选在距离更远的海滩上，顶端矮于低潮位，经常处于水面之下，还常常与护滩坝一起使用。修建拦水坝的目的，除保护滩地、塘脚外，还能减弱巨潮狂浪的冲击力，使塘身多了一重防卫。挑水坝是建在与海岸斜交伸向海面处的石坝。坝的多少和长度根据情况而有所不同。挑水坝在江南海塘中习称"龙鳞坝"。由于挑水坝突入海中，可以起到将迎面冲来的潮水排离海岸的作用，所以实际上是一种更具积极意义的护塘工程。挑水坝的建筑并不限于苏南，在浙江、福建都有采用，其中最出名的当推乾隆五年（1740年）完工的浙江海宁塔山挑水坝。它利用突出水中的塔山和岸旁的尖山作为坝身的起讫点，全长800米，横立于海中，迎阻潮水冲击，对保护尖山以西的海岸安全起了很好的作用，被专家们誉为中国海塘建筑史上的一项杰作。

十　城市水利

古代城市水利

有关古代城市水利的研究，是近年来才开始被重视发展起来的。这是因为城市民居鳞次栉比，人口密集，不但日常饮用需要清洁充足的水源，防火抗洪、交通运输等亦都与水有关，此外，河流、池沼、湖泊还可用来点缀和美化城市，供人游憩，或作近城农田灌溉和水产养殖之用。

中国很早以来，人们已注意到水和城市的关系。成语中有一句叫做"市井之徒"。"市井"指的是做买卖的地方，有时也泛指商人。商人做生意，要选择人们聚集的地方，井边正是人们来往之处，所以又有"因井为市"的说法。这两句话，把最早的集市与供水有机地联系到一起了。有一本托名春秋时齐国大政治家管仲写的古书——《管子》（此书实成书于战国到秦汉之际），里面就详细地阐述了选择国都时必须注意的地理条件，其核心要点便与水有关。书中说：凡立国都，不是在大山之下，就是在平川之上，切忌建于高坡地带，因为地势高了，取水必定困难；也不能建在低洼处所，那就要奔命于挖沟防涝。此外，书中还谈了引水、排水等问题。应该说，《管子》所论述的原则是有科学依据的，表明我们的祖先很早已对城市水利有了比较深刻的认识。

从中国古代城市的选点和设计来看，除了边防重镇更多地需要考虑军事守备外，一般城市都不同程度地要触及水利条件的问题。即以秦汉以来历代都城为例，从秦都咸阳、西汉都城长安起，直到后来的洛阳、建康（南京）、东京（开封）、临安（杭州）、北京等，在确定为国都前，首先得考虑的就是是否有足够的水源。因为一旦建都，各色人员便会迅速聚集起来，常常动辄几万、几十万，乃至上百万，没有充足的水供应，那是不可想象的。当然，这其中最主要的是日常饮用。西汉都城长安先是仰赖渭水支流潏水来供应城市用水，武帝以后，西汉进入极盛时期，长安人口急剧增加，只靠潏水已很难满足要求了。元狩三年（公元前120年），西汉政府征发劳力于城西南开凿了一个周长40里的昆明池，引洨水为源，平时积蓄供使用，雨季还可防洪排涝。昆明池实际上就是长安市民的蓄水库。

东晋及南朝的宋、齐、梁、陈都以建康为都城。建康俯视长江，又有秦淮、玄武（当时叫后湖）等河湖，加上南方雨量充沛，在水源上可不用像北方那样发愁，但如何恰如其分地构建成一个完整的供水网络，在设计中也还是要花费一番工夫。东晋自建都后，一方面利用孙吴时期所奠定的基础，同时又大加修整，以后湖和秦淮河作为基点，开凿运河，引水入城，保证了城内居民和宫廷的用水需求。

北宋都城东京紧靠黄河。黄河是一条著名的浊流，其他像汴河等等，泥沙量也很大，不适于居民饮用。为此，北宋政府专门导引发源于荥阳的金水河入城。为躲避汴水泥沙的污染，在其两水交接处，设置渡漕引流。

都城为四方之所聚，除皇室、百官、卫戍军兵外，还有大小商人、技艺工匠、优侣僧道，以及各色供役服务人员，另外，来来往往的官民人等也很多。这样，确保交通通畅，使外地粮食和各种物资源源运京，也是城市得以生存发展的一个重要条件。西汉立国之初，在建都问题上有过一番争论，张良主张定都长安，理由之一是长安地处关中，有黄河、渭河辗漕天下以供京师，外地诸侯有不轨行动，可循渭河顺流而下，迅速加以平定。看来张良把水上交通看得十分重要。从西汉以来，许多建都于北方的朝代，常常不得不花费巨大的人力物力，开挖运河，沟通漕运，说明水上交通确实是一件关系城市生存的大事。

当然，考虑城市水源还有其他意义。南宋都城临安有个美丽的西子湖。它既是一个确保全城人民用水的主要供应点，又是许多文人墨客和市民们游玩览胜之地，使临安城更加妩媚多姿。至于皇室的离苑别宫、达官贵人和豪绅富商们的后院装点，也离不开水的陪衬。中国古代城市，通常要修筑城墙，城墙外要挖护城河。论其作用，一是保护城市安全，城外环河，多了一道障碍，敌人不易攻入；二是在雨涝时节，具有容纳排泄城内积水的作用。护城河也是城市水利的一个组成部分。

在谈到城市水利时，当然也存在一个防止水对城市造成危害的问题。前面说到《管子》谈选定城址的原则中，有一点就是防止水患。在一些水利史著述中，常把清代泗州城被淹当作没有充分考虑水文条件而造成悲剧的典型例子。泗州在今江苏盱眙县城北，它的兴起与隋唐以后水运的发展有密切关系。这里正当通济渠（后来是汴渠）和淮河的交汇处，南方的漕粮等许多物资，都通过淮扬运河转经此地而运往长安、洛阳或开封。但泗州城由于地势低洼，即使在最繁荣的时期，也时刻受到淮河及与之不远的洪泽湖水的威胁。随着黄河夺淮入海，淮河上游来水，常常在淮安与泗州间受阻，并使洪泽湖因受水过多，不断向四围扩展，泗州城更是岌岌可危。到了明末，即使在正常年份，淮河和洪泽湖水位也远高出于泗州城。它已完全处于水的包围之中，淹没只是时间早晚的问题。终于在清康熙十九年（1680年），一场大水使泗州城沦为洪泽湖底。

有的城市，为了躲避被水淹没的厄运，不得不另迁新址。历史上北京城址的变迁，便包含着躲水的意义。北京的前身蓟城，约相当于今城区的西南角，后来辽建南京，金立中都，也大体在此。这里离永定河（当时称浑河）不远，引水排水都比较方便，不利的条件就是易受洪水泛滥的影响。所以当元朝建立大都时，决定另选新址，把它确定于再向东北的永定河与潮白河冲积扇的脊部，其中的重要考虑，就是想躲开永定河泛决所带来的危害。

中国古代繁华城市中，有不少是建立在濒江濒海处，这很大程度上与利用水利资源有关（如交通运输等等），但同时也带来一个如何防止水患的问题。开挖引河，于外围修筑海塘、江堤，以及加固城墙等，都是为防止水患，保障城市生命财产所作出的重要措施。

 唐代长安和明清北京的城市水利

唐代长安和明清时期的北京，称得上是中国古代城市设计的杰作，它们的城市水利建设也十分出色。

唐代长安是当时世界上首屈一指的繁华大城市，极盛时人口超过 100 万，城市面积 80 余平方公里，这在今天看来，规模也很可观。要解决这么大城市中人们的日常生计，没有良好的水利设施，那是很难想象的。为了保证城市生活用水和运送各种物资，唐朝政府从东面引入浐水、灞水，南面又开清明渠和永安渠，分别引入潏水、洨水。其中浐水和永安渠，还被用于宫苑游乐之需。长安与外界的水上联系，向东通过漕渠，经黄河三门峡与通济渠、永济渠相衔接。漕渠是西汉时开挖的故道，隋唐时重新加以疏浚。漕渠的作用，主要是运送关东漕粮。另外还有一条向南连通潏水的漕河，这是玄宗天宝（742～756 年）初年开凿的，除转运粮食外，还负有输送南山木料、砖石、柴炭等任务。

在唐代，通过运河来到长安的船舶很多，其中东边来船都停靠在城东不远的长乐坡，常常排列达数里之长。由漕河运送的木材等货物，则直接进城，泊于西市的专门码头。唐代长安城内街道纵横，街两边都挖有整齐划一的明沟，沟旁种植杨树。街道旁边的民居叫做坊，每坊之间有砖砌的暗沟与明沟相通，构成良好的排水网络。在城东南角，有一个曲江池，是长安城最大的水域，也是唐代著名的风景区。它把整个城市打扮得更加姣好美丽。

明清时期的北京城，是在元大都基础上扩建而成的。元代选定大都城址，一方面是要避开永定河泛决对城市构成的威胁，同时又要寻找足够的水源，以满足宫廷和运输的需要。至于一般居民饮用，多以井水为主。有关元代大都城的水源，在前面有过介绍，即通过西山白浮泉到瓮山泊再转入城内。明清时期，白浮泉已封闭不用，改用玉泉山水。尽管当时玉泉山出水旺盛，但要承担偌大北京城交通运输的水源，仍存在着很大的困难，加上后来西郊园林建筑发展，又拦截了很多用水，使贯通南北的京杭大运河，其起点只能停留在离京城数十里的通州城郊。

在保证北京的水源方面，很值得一提的是乾隆时期对西郊昆明湖的全面整治，其中包括扩大湖面，增加积蓄量，并设计了高水湖、养水湖和泄水湖三种形式，以调节水量，使北京城内能够得到更多的水供应。

当时，宫廷紫禁城、皇城护城河水，园林水面和民间防火以及某些灌溉用水，主要是由西郊各泉汇聚而来的。

与唐代长安一样，明清时期北京城内各街道间也有沟渠，供雨涝时节泄水之用，最后流入护城河排出。至于各湖区河渠间所建立的各种闸坝涵洞，既是为了拦截蓄水，有的也有排涝泄洪的作用。

明清以来，近旁的永定河淤积严重，决口改道不断，对京师安全也构成一种威胁，为此，明清两朝政府曾花费很大精力，整治永定河，修建起坚固的堤防体系，以策安全。

由于各个城市的功能要求和所处地理条件不尽相同，所以古人在解决城市的水利需求上也各有侧重。中国古代在城市的选点和为其服务的水利设计方面，确实积累了许多的经验和教训，其中某些内容，直到今天仍具有重要的参考价值。

十一 边疆少数民族地区的水利建设

在中国现有的疆域内，除汉族外，自古以来还居住有许多少数民族。这些民族，有的今天业已消失；有的经过迁徙融合，变成了一个新的民族；但更多的民族，直到今天仍然生活在祖国辽阔的大地上。所有这些民族都是中华民族的组成部分，因此，在谈到中国古代水利时，自然不能忘记少数民族地区在水利建设中所取得的成就。

 ## 西北新疆地区

今新疆地区，汉唐时期称为西域，由天山横贯中部，汉武帝以来，西域诸国先后归服于汉，汉代在天山南北路的不少地区屯田。如汉宣帝派郑吉为西域都护，"并护北道，故号四都护"。那时，在天山以北的准噶尔盆地和天山以南的塔里木盆地建立起许多小国。它们中有的过着逐水草为生的游牧生活，但更多的小国已引水灌田，从事农业生产。汉代轮台以东的捷枝、渠犁等国，已拥有 5000 顷以上的灌溉田。汉朝政府开设的屯田，也有较好的水利设施。

唐代继两汉在天山南北开展屯田，像疏勒、焉耆、北庭、伊吾、天山，都是屯军聚集之地。他们都开渠引水灌田，政府还专门设有兴修水利、负责分配灌溉水量的知水官。

新疆水利事业的大发展是在清朝政府统一西北地区以后。乾隆帝为驻兵戍守，先后在伊犁（今伊宁）、塔尔巴哈台（今塔城）、库尔喀喇乌苏（今乌苏）、迪化（今乌鲁木齐）、巴里坤、哈密、辟展（今鄯善）、喀喇沙尔（今焉耆）、乌什、阿克苏等地兴办军屯、民屯、回屯（维吾尔族人进行的屯垦）、旗屯（旗人进行的屯垦）、遣屯（利用犯人进行的屯垦）等各种屯田。他们在开垦屯田过程中，或引天然河水，或靠天山雪水，都挖渠以通，其中较具规模的有：

乾隆二十六年（1761 年），在巴里坤附近引黑沟水开渠至尖山栅口，长 30 里，与先前旧渠相接，垦地 38000 余亩。

嘉庆七年（1802 年），伊犁将军松筠奏准开挖惠远城（今伊宁城西）东伊犁河北岸大渠 1 道，逶迤数十里，引河水灌田。又于城西北草湖中探寻到泉水，疏浚后筑堤开渠，灌溉旗屯地亩。

嘉庆十三年开察布查尔大渠。在伊犁河南岸，居住着锡伯族官兵，这里原有一条连接东西的绰合尔渠。嘉庆初年，因锡伯营人口繁衍，耕地感到紧张，于是决定在察布查尔山口开渠引水，经广大官兵几年的努力，终于在嘉庆十三年开通此渠。新水渠与旧的绰合尔渠大体平行，全长 200 多里，引伊犁河水，灌田达 78000 多亩。

嘉庆二十一年，经管理回屯的阿奇木伯克①霍什纳特的呈请，在惠宁城（在今伊犁市西北）开凿了一条连接东山辟里沁水和西北济尔哈朗山泉的支渠，长 170 余里，使 150 户维吾尔族屯户得到充足的用水。

道光十九年（1839 年），经伊犁将军关福的奏报，在厄鲁特爱曼所属的塔什毕图开正渠 25700 丈，计 140 余里，灌田 464000 余亩。

道光二十四年，屯田军在惠远城东建渠 1 条，引哈屯河水，溉田 20 万亩，名阿齐乌苏渠。

在天山以南的南疆地区，是维吾尔族的主要聚居区。这里的水利设施原来已有较好的基础。到了清代，也有许多新的兴建。道光九年、十六年，曾分别修筑喀什噶尔新城和库车沿河堤坝；十九年，于叶尔羌东北挖巴尔楚克渠 328 里，沿渠修堤，屯田耕种。道光二十四年，林则徐贬戍新疆后，曾被委派与喀喇沙尔办事大臣全庆查勘南疆水利。林则徐走遍了天山以南各城，实地进行考察，提出了很好的建议。这些建议，后来大都得到贯彻，于是库车、阿克苏、乌什、叶尔羌、和阗、喀什噶尔、伊拉克里、喀喇沙尔等地，均因扩大水源，新得垦地近 69 万亩。

---

① 伯克，维吾尔语中是官的意思。阿奇木伯克是负责全城或全庄事务的官员。

清代的新疆水利工程中，还应该谈一下挖掘坎儿井的事。坎儿井的开挖技术，近人王国维有过考证，是西汉时从内地传入西域的。其构造为：通向地面的是一口口垂直大井，井下开暗渠互相连通，然后引向灌区。坎儿井既可充分地吸取沙砾地带的深层地下水，又能减少沙漠地区的空气蒸发，很适合于新疆地区的特点。坎儿井于清代曾广泛地在新疆加以推广。当时南疆的哈密、辟展、吐鲁番、克勒底雅（于阗）、和阗（和田）、叶尔羌、英吉沙尔、塔什巴里克（疏附），北疆的巴里坤、济木萨、乌鲁木齐、玛纳斯、库尔喀喇乌苏等地，都有坎儿井。最长的哈拉巴斯曼渠，全长150里，能溉田16900亩，堪称大工程。

光绪九年（1883年），新疆建省，南疆地区的水利建设又取得较大的进展。当时，清朝政府在着力恢复因阿古柏武装叛乱而毁坏的许多旧有水利设施外，还扩大新修了不少沟渠。有数可查者有：焉耆府扩大新修渠60里，灌田3800余亩；拜城扩大新修渠910里，灌田270972亩；莎车府扩大新修渠195里；叶尔羌扩大新修渠615里又1800丈，另筑堤270里，溉田6243亩。此外，在吐鲁番还开凿了坎儿井185处。

 北方大漠地区

在今长城以北的大漠南北地区，先后有很多民族在这里活动过，主要的有匈奴、鲜卑、丁零、突厥、回纥以及蒙古等。这些民族，都过着以畜牧为主的游牧生活，但在与汉族人民的接触交往中，也开始经营农业。一些汉族军民出于军事或经济方面的原因，也不断地前往开田垦荒。这些都促进了大漠地区水利事业的展开。

大漠地区的早期水利设施，集中于今内蒙古境内的河套地带，且与屯垦有密切关系。武帝元朔二年（公元前127年），西汉政府在打败匈奴、占领河套地区以后，便开始移民充实边疆，设置朔方、五原二郡，募民10万口，迁居朔方；元狩三年（公元前120年），徙贫民70余万口，充实朔方以南的"新秦中"等地；元鼎六年（公元前111年），在朔方、五原等郡设置田官，分别管理几十万名屯田军卒。文献中虽没有提到举办水利之事，但这么大规模的开垦屯种，不开渠引水，那是不可想象的。据估计，水的来源应是黄河。另外，西汉政府在迁移内地军民屯种的同时，还接受了不少归降的匈奴人。如元狩三年曾把匈奴浑邪王率领的40000余部众，分5部安插在河套地区。汉族军民的农耕生活，对他们有一定影响。

由于大漠地区的农业受军事进退的影响特别大，所以水利建设也时兴时废，其中成绩比较显著的是唐代。高宗时（650～683年），突厥强盛，举兵围攻丰州（今内蒙古五原），有人主张徙民南迁，丰州司马唐休璟以秦汉戍屯固守为例，力陈弃地之议不足取。高宗采纳了唐的意见，实行又屯又戍，取得了很大成果。到武则天当政时，河套地区众多驻军的粮食已完全能够自给。这些屯地的浇灌，也是从黄河引水。有的史料还记录了一些开渠引水的事例：

德宗建中三年（782 年），于丰州开陵阳渠，用以灌田置屯；

贞元（785～805 年）中，丰州刺史李景略开咸应渠和永清渠，溉田数万亩；

宪宗元和（806～820 年）中，高霞寓率兵卒 5000 人，疏浚金河（今内蒙古托克托县境），使几十万亩荒瘠土地得到灌溉。

类似事例还有一些。有了水利，加上国力较强，河套地区的唐代屯田维持了很长一段时间。

13 世纪初期起，大漠南北成了蒙古民族驰骋的舞台。当他们发展强大后，对粮食的需求日盛，并在一些靠近河流、有水利条件的地区，提倡农业。元世祖忽必烈统治时期（1260～1294 年），多次调迁蒙汉军民于和林（今蒙古国乌兰巴托西南）、上都（今内蒙古多伦诺尔附近），以及阿尔泰山以东、克鲁伦河以西广大地域内，选择富于水源之处，屯田耕种。对于一向有较好农业基础的丰州（今内蒙古呼和浩特东），结合田耕，发展水利。后来，元朝灭亡，蒙古势力退至长城以外，丰州一带的农业仍持续不衰。到 16 世纪末，迁入此处的汉民超过 10 万，垦田近万顷，井渠兴筑相当普遍。

在清代，大漠南北和长城以内的中原地区，同属于一个中央政府管辖。汉人迁居塞北者亦更多了。这些人中，绝大部分是垦荒种地的农民，聚居于沿河套附近和长城沿边地带。这一带有着很多土地肥沃、水源相对丰富、没有开渠条件的地区，人们挖井用桔槔提水灌田。从康熙晚期起，清朝政府在漠北土沃水裕的科布多、乌兰古木，以及鄂尔坤与土喇河畔进行屯田，以解决那里驻军的粮食问题。

在清代，内蒙古地区最大的水利工程，当推从道光后期起陆续修建的河套引黄灌渠。河套地区虽然农耕历史悠久，但田地用水大都仰仗从黄河泛溢出来的余水，即使挖掘一些沟洫，也多凌乱不成系统，远没有把丰富的水利资源充分开发出来。道光三十年（1850年），在今乌拉特前旗附近的黄河口子上，冲出一条塔布河，流水经过的地方，成为膏腴之地，人们因此得到启发，利用西南高、东北低的地理条件，开渠灌田，大见成效。接着又有很多人起而仿效，修渠不断，其中最出名的当推王同春。

王同春字濬川，直隶邢台人，少年随父亲到长城以北谋生，在河套一带做佣工。同治五年（1866年），他又到宁夏某引黄渠道工地工作，因为勤苦好学，掌握了一套修渠治水的知识。几年后，王同春重返河套地区，说服地商郭大义改造辫子河渠。具体的工程规划是，先在黄河口开挖一道大体与之垂直的约10里长的主渠，然后再在主渠两旁挖掘支渠。建成后，渠道总长达120余里，可灌田1700顷，称老郭渠，后来又改称通济渠。

老郭渠的胜利建成，给王同春带来了声誉，各地商都请他作技术指导。经他参与筹划改建的有长胜、塔布等渠，都能灌田千顷以上。光绪六年（1880年），王同春选择了一块荒地，决定独自出资修渠，进行农田开发。经过将近 10 年的努力，终于开挖了一条长100 多里的引黄渠道，名叫义和渠。随后，他又先后开了沙河渠、丰济渠、刚目河渠、灶王河渠等。这些干渠，长者 100 余里，短的也有几十里，支渠多达 170多条，可垦种土地 270 多万亩。王同春因此被人们叫做"挖渠大王"。清朝政府在河套地区设立五原、临河等县，很大程度上与王同春开渠垦田所奠定的经济基础是分不开的。

关外东北地区

关外东北地区，除辽东汉人活动较多较早外，再北的白山黑水之间，历史上便是许多少数民族发祥、发展之地，主要有肃慎（挹娄）、靺鞨、契丹、女真，以及后来的满族等等。这些民族中，有的也曾利用一些原始的水利条件，从事农作。在辽太宗耶律德光统治时期（927～947 年），契丹贵族借海勒水（海拉尔河）和胪朐河（克鲁伦河）的水利条件，劝令部族人引水耕种。明朝政府以辽东为基地，向北开设卫所，与诸部头人结好，极盛时，势力曾扩展到黑龙江以北、乌苏里江以东广大地域。当时，明朝政府在辽东搞了不少水利建设，弘治十七年（1504 年），曾引浑河支流蒲河水至沈阳，以供城市需要，为此特建永利闸一座。正德时（1506～1521 年），山东副使分巡道蔡天祐仿照江南等地的做法，在辽阳滨海地区兴筑圩田数万顷。因为圩田的水利条件好，能够得到高产，所以当地百姓都很感激他，把开出的田地叫做"蔡公田"。

东北地区农田水利普遍兴修是在清朝末年。据有关人员调查，这与朝鲜人越过鸭绿江和图们江，在边境种植水稻有很大关系。后来汉民也跟着仿效，水田的面积越来越大，修渠引水也更加普遍。到了清末民国初，水田已扩及吉林东部和辽宁的大部分地区。

随着辽东地区军民人户的增多，对辽东主要河道辽河水系的治理也积极开展起来。辽河古称潦水。辽河上游分成东辽河和西辽河，其中西辽河又分西拉木伦河与老哈河两支。东西辽河汇合后，其正流才称辽河，然后南流，在今营口附近注入辽东湾。辽河泥沙含量高，也很容易泛滥。据文献记载，早在辽代圣宗太平十一年（1031 年），就提到有大雨河决的事。到了明代以后，治理辽河的事多了起来，嘉靖四年（1525 年）和四十二年，明朝政府曾两次征调军民，开挖人工河渠，疏导辽河河水。清代又进一步筑堤修堰。雍正时，在今新民县境的柳河沟筑堤一道，还在沈阳等城市附近修堤。沿河居民为了防止辽河涨水淹没农田村舍，纷纷组织起来，自发修筑堤坝。有的地方竟连接成 100～200 里的长堤。直接疏浚河道的事也有不少。嘉庆和道光年间，曾多次疏浚柳河。人们又鉴于辽河下游干道淤积严重，于同治十二年（1873 年）和光绪二十年（1894 年）两次开掘减河，实行分洪入海。

西南云贵地区

西南云贵地区是中国少数民族最集中的聚居区之一。早在战国后期，楚国派将军庄蹻经略巴蜀黔中，向西到达滇地，留滇不归，云南历史从此展开了新的一页。汉武帝时开拓西南疆域，云南大部分地区已列入汉王朝版图。在云贵地区，历史上曾建立过夜郎、南诏、大理等政权。

南诏存在于 649～902 年间，相当于唐太宗贞观末年至昭宗天复时期。南诏政权以洱海地区为中心，所部相传为今白族和彝族的先人。该地气候温暖，雨水多，很适合于农业生产，那里众多的河川，以及滇池、洱海等湖泊，又为南诏各族人民提供了良好的水利条件。当时，很多沿江、沿湖的平坝地区，被开发成水田，还兴建了一些颇具规模的水利工程。唐武宗会昌元年（841 年），南诏人在点苍山玉局峰把泉水聚集起来，然后引导到平坝地区，据说可灌田几百万亩。南诏人民还根据居住区内山地多的特点，把部分丘陵地改造成为一层接着一层的梯田，每一层都筑田埂围起来，保护水土不致流失，还可引水浇灌。这些梯田，只要不是大旱大涝，都可得到收成。南诏人修筑梯田的水平在当时是很高的，传扬很广。有一个叫樊绰的唐朝人，从中原来到南诏，对所见"山田"奇景深感叹服，连连赞扬"殊为精好"。

南诏覆灭后过了几十年，又出现大理政权（937～

1253 年）。大理的统治区域与南诏大体相同，苍山洱海仍为其政治经济中心，生产水平和内地四川不相上下，专门设有管理水利的机构。在大理王段素统治期间，还在今昆明附近的滇池上源盘龙江开了两条叫金梭河和银梭河的灌渠，灌溉周围的田地。大理国末年，滇池及盘龙江经常发生洪水泛滥，曾给大理人民带来不小的灾害。

元朝灭大理后，于其地建立云南省，赛典赤·瞻思丁是云南的首任平章政事官。赛典赤十分关注云南的水利建设，针对大理国末年滇池水患频仍的情况，决心加以整治。在他的主持下，首先疏通了滇池的出水口，使滇池西南与安宁河相接的通道得以顺畅流通，从此上游来水，再不致长期储积漫溢。仅此一举，就涸出良田万顷。出水通路解决后，接着又动手疏理盘龙江和金汁河。盘龙、金汁两河水都流注于滇池。滇池为灾，与进水涨落不定也有重要关系。为了解决这个问题，赛典赤选择两河上源出山的交汇处，修筑一道水坝，名松花坝，在丰水时节用来泄洪，平时调节水量，又使流量较小的金汁河加大水量，增加灌溉田地近 100 万亩。对于泛决较频的盘龙江，则增修了堤防，还修了一座南坝闸，控制流进盘龙江的郡城（昆明）东北诸山泉水，并能利用其浇灌田地。清人倪蜕对赛典赤兴修水利的功劳，给予很高的评价，说他"经划水利，创筑松花坝，分盘龙江水入金汁河，并修宝象、马料、海源、银汁，合为六河，均用闸座蓄泄，灌田万顷，军民感之"。看来云南人民对赛典赤一直怀有感激之情。

　　明清两代云南水利建设的范围又有所扩大。明初朱元璋派沐英镇守滇南。沐英在昆明周围大兴军屯，同时疏浚滇池，使无冲决之患。后来，沐英的儿子沐春又凿铁池河，灌溉宜良涸田数万亩。自此以后，兴筑不断，明正统十三年（1448 年），邓川、大理军民疏浚了洱海周边壅淤的沙土，以防雨水时节淹没禾苗；景泰四年（1453 年），明朝政府命盘龙、金汁两河并滇池沿岸受灌溉之利的民户出钱出力，改造松花坝，定时启闭；成化十八年（1482 年），疏浚松花坝黑龙潭至西南柳坝南村的河渠，得灌田数万顷；万历四十六年（1618 年），再次改建松花坝，以料石砌筑闸座，再用铁锭嵌连结实。

　　清朝政府在云南兴办水利事业，起始于康熙二十年（1681 年）平定吴三桂等三藩以后。在此之前近半个世纪里，由于明清之际战乱不停，云南地区百姓生活困苦，水利设施也不同程度地遭到毁坏。康熙二十二年，巡抚王继文请银万两，疏浚金汁诸河，并修复有关闸坝。雍正四年（1726 年），鄂尔泰出任云贵总督。鄂是个深得皇帝信赖的实干家。他到云南后，为恢复发展该省的水利事业，做了很多工作。如集中力量疏治滇池海口，对注入滇池的盘龙、金汁、银汁、宝象等河道，筑堤建坝；又开嵩明州的杨林海，排水造田；宜良县境有一条八达河，是西江支流红水河的上源，为了利用此水来灌溉县境缺水的高地，乃于江头村掘新河一道以资其用。此外，鄂尔泰还在东川府治会泽和寻甸州等地，兴办过水利。

在乾隆年间，云南水利建设又有新的进展，如在邓川弥苴（音 jū）河旁另开子河，汇入洱海，并筑堤建闸，使周围遭淹的 11200 亩田地全部涸出；挑浚发源于楚雄府镇南州（今南华县）的龙川江，让偏离河床的流水回归故道；在澂江抚仙湖下端，挖掘子河一条，以便宣泄因牛舌坝冲决而造成泛滥的洪水；挑挖昆阳海口工程，使昆明、呈贡、晋阳、昆阳四州县田畴得灌者不下百万顷。

明清两代，云南梯田的发展也很快。人们多从山间引水，由高而低，层层而下，往往一泉之水，盘旋曲折，可灌注山田达数十里。引水时，遇到岭间沟壑阻挡，则装置木枧、石槽飞渡，有的地方田高河低，再加水车戽灌。就连一向偏僻的临安府，也是梯田相间，远望如画，相当普遍了。

改善水上交通，对于加速开发像云南这样一个出门皆山的省份，具有重要意义。从明代起，人们便不断建议开通金沙江航道，以利于与外省交往。金沙江系长江上源，水急滩多，古来很少有船只冒险行驶。但是随着云南经济的发展，特别是开矿业的繁兴，如何把各地急需的铜铅锡材运出去，再把粮食等日用品运进矿区，越来越成为迫切需要解决的课题。

明朝正统时，靖远伯王骥计划开辟金沙江航道，但当时的主要着眼点在于军事行动的需要。战事完毕，事情也就搁下了。嘉靖初，巡抚黄衷再次发起动议，土官王凤朝怕通航后于己不利，竭力阻挠，致工程再

167

次搁浅。后来，巡抚王文盛、陈大宾，巡按毛凤韶，亦先后为开通金沙江作出过努力。就在地方大员们勘察讨论方案的同时，下面已有人在做试航工作了。弘治、正德年间，有个姓安的监生在上江放杉板，顺流而下，用以测试通航的可能性。嘉靖十七年（1538年），又有叫王万安者，将杉板与柁梢船并同下行，进行试验。当时，朝廷命宁番（今四川冕宁）、越巂（今四川越西）、盐井（今四川盐源）、建昌（今四川西昌）等卫及德昌千户所，采巨木供京师兴筑。这些木头先通过金沙江支流，集中到河口的会川卫（今会理境），然后越过鲁开、虎跳和天生桥等险滩，顺流而下。终明一代，金沙江的开凿工作虽始终未能进行，但冒险试航者络绎不绝，说明人们确实需要这条航道。明代先行者所做的探索工作，为清人开发金沙江奠定了基础。

清代开辟金沙江航道，鄂尔泰是个重要人物，不过因他不久调离云南，所以只能说起了鼓动作用。至于真正动工兴筑，则起自乾隆初年，这与政府为加强铜的外运有密切关系。乾隆五年（1740年），云南总督庆复等上疏给皇帝说："开凿金沙江，沟通到四川的江道，实为滇省大利。其具体线路可从东川府由子口起，经新开滩，到四川泸州止。经朝廷批准后，工程于七年十月开始，到九年四月止，共开凿险滩64个，又辟纤路10000余丈。由于这一带山峰壁立，岩石坚实，加上人烟稀少，所以工程相当艰苦。有的地方先得伐木堆于礁崖上，用火炙烤，待其崩裂焦脆后，再用钢钎铁锤凿劈。工程刚刚过半，就感到资金不足，加上"复阻于巨石"，所以只开通到永善县境的黄草坪就停止了。尽管如此，它毕竟使川滇间有了一条比较可行的航道，意义还是十分重大的。

在此前后，清朝政府还于雍正七年（1729年）开通经南盘江进入广西、广东的水路，"由阿迷州（今开远市）以下开至八达（今广西西林县）共一千五百里，造船划用"；十年开通从嵩明州河口起，经寻甸、东川（今会泽县和东川市），由牛栏江而达金沙江的航道。乾隆七年（1742年），再开通昭通府盐井渡经横江而到四川的水路，并为此开凿险滩72处；乾隆九年，疏浚罗星渡河，以方便由黔西威宁州来的运铜船只的通行。经过人们不懈的努力，云南通向外省的水路条件有了很大的改善，有利于改变相对闭塞的社会环境。

与云南相比，贵州的水利开发要更晚一些。雍正时，在鄂尔泰的倡导下，兴修了诸葛洞河道。诸葛洞在镇远府施秉县，有水运达镇远府城（沅江上游的镇阳江），中间因诸葛洞险滩乱石阻挡，交通长期受阻。自诸葛洞河开通后，舟楫往来，民田受益。乾隆初年，贵州总督张广泗又奏请开凿从都匀经施秉通清水江的河道。清水江是沅江支流，由此可下航到湖南黔阳，直达常德，由洞庭湖进入长江。再就是疏通黔东南的都江，从独山三角盏起，经古州（今榕江）到广西（广西境内分别叫融江、柳江），最后在桂平附近与西江相接，东流进入广东。清水江和都江的疏治，大大方便了贵州和东南诸省的往来。

在农田水利建设方面，贵州为适应高原多山的特点，在山腰开梯田，山下平坡坝地筑塘堰进行浇灌。这些水利工程，规模一般不大，多则灌田数万亩，少则千余亩，或几百亩、几十亩。明万历六年（1578年），在镇远县修成的平安陂，能灌田数千顷，后来修的博皮岇坝，灌田近万顷，都是规模较大的工程。

 西藏

西藏自 6 世纪起，在雅鲁藏布江中游各支流河谷地区，已有一些羌人部族从事农业生产。他们用两牛合犋耕地，种植青稞、小麦、荞麦、豌豆等旱地作物，但已知道凿池蓄水、低地泄水入河的排灌技术。7 世纪时，西藏建立吐蕃王朝。吐蕃的农业仍限于雅鲁藏布江沿岸的河谷地带。他们挖沟渠，引湖泊的水溉田；在坡地作池塘，汇聚山上雪水、泉水，以溉田地。

清朝政府统一西藏后，向首府拉萨派遣驻藏大臣，又调兵戍守，内地人到西藏去的更多了。据清人记载，在昌都、阿里噶尔渡一带，还出产稻米。种植稻米需要治水田，没有一定的水利设施，那是不可能的。嘉庆时，驻藏大臣松筠鉴于雅鲁藏布江支流拉萨河南岸坍塌，北岸溢涨，百姓田地多遭冲没，便命令藏官、喇嘛带领民夫，兴工疏通北岸涨沙，又在南岸上游近山地段修建挑水坝，减缓水势，然后堵塞漫口，使溢出的洪水回归故道。

6 台湾

台湾本岛东西窄、南北长，形如纺锤。岛上有玉山、凤山和大武郡山纵贯其间，形成岛的中部高，东西两侧沿海地区为带状平原的自然地貌。台湾地邻亚热带区，气候温暖，雨量充沛。但因河流多以中央诸山脉为分水岭，向东西分流，源短流急，加上地面坡度大，多属沙质土性，雨量的季节分布又很不均匀，常常雨季易遭洪涝，平时干旱缺水，所以要发展台湾农业，首先得兴办水利。

台湾的土著民族，很早就在岛上生息繁衍。大陆和台湾的联系，可以追溯到 1700 多年以前的三国孙吴时期，但台湾真正得到较好的开发，还是从明代成批大陆居民移往岛内开始的。1624 年（明天启四年），荷兰殖民势力用武力占领台湾，曾在台湾一带的西南沿海地区修了两处小型水利工程，叫做荷兰陂和参若陂，后者系佃民王参若所修。1661 年（明永历十五年，清顺治十八年），郑成功率军东征，驱逐了荷兰势力，收复台湾。郑氏到台湾后，带来大批军丁眷属，还有不少归依的百姓。这样就需要扩大耕地，实行屯垦招佃。于是，各种水利设施也跟着兴筑起来。据康熙三十三年（1694 年）高拱乾修的《台湾府志》记载，在郑氏治理时期修建的水利工程有：

公爷陂，在新丰里，今台南县境；

弼衣潭（白衣潭），在新丰里香洋仔；

草潭，在新丰里；

坡仔头陂，又作俾仔头陂，在文贤里，今台南县境；

月湄池，在维新里竹沪，今高雄县境；

三镇陂，在维新里；

三爷陂，又作三老爷陂，在维新里；

苏左协陂，在维新里；

乌树林陂，在维新里；

北领旗陂，在维新里；

王田陂，在嘉祥里加冬脚，今高雄县境；

王陂，在嘉祥里；

大湖陂，在长治里，周围200余丈，今高雄县境；

新围陂，在长治里；

五老爷陂，在依仁里，今台南县境；

祥官陂，在依仁里；

中冲崎陂，在仁寿里，今高雄市境；

赏舍陂，又作辅政陂，在凤山庄，今高雄县境；

赤山庄，周围100余丈，今高雄县境；

竹桥陂，又作柴头陂，在竹桥庄，今高雄县境。

上述水利设施，一类属于筑堤储水性质，一般规模不大，另一类是截取溪流作水源，在规模上较前者稍大，不过总的说来，都属于中小型水利工程。

康熙二十二年，清朝政府统一台湾，闽广大陆的移民急速增加，水利建设也得到空前的发展。清代台湾的水利工程从组织形式来看，可以分为下列几类：

（1）官修。由官府动用钱粮或官员捐资，募民修筑。像凤山知县宋永清于康熙四十五年发仓谷千石，筑莲潭长堤 1300 余丈。该潭位于县城东门外，修成后，近旁田禾均得灌溉之利。又如诸罗县知县周钟瑄，康熙五十三年到任。当时诸罗境内土旷人稀，水利条件很差。周捐出俸饷，劝百姓修筑陂塘沟洫。据说经他筹划指点的水利工程，大小不下 30 处，渠道长度达几百里。

（2）官助民修。由官府或官员出一部分或全部资金，动员百姓负责修建。道光十七年（1837 年），曹谨就任凤山知县。他见辖区农田万顷，却无良好水利设施，稍遇干旱，便颗粒不收。于是他召集绅士技工，出银让其组织开凿九曲塘，筑堤设闸，引入淡水溪水，经过两年的努力，修成了一条长 40360 丈的圳渠，能灌田 3150 甲①。后来，他又捐资命贡生郑兰生等晓谕有田业户，再修新圳一道，使灌区又扩大了将近一倍。曹谨所办工程，即属官助民修，是当时经常采用的办法。

（3）聚民合修。一般没有官方参与，由百姓集资合力修筑，分业户合作、庄民合作、番民合作和汉番合作等不同形式。

第一种：业户合作。这些人或是地主，或是有相当田产的自耕农，有一定的资金实力，所以通过这种方式搞兴筑的，为数不少。比如台湾县（今台南）的块官圳，就是由杨、曾二姓业户合作修建的，可灌田

———————————

① 甲是台湾土地的计量单位，1 甲相当于大陆的 11 亩。

4000余甲；猫儿高圳，即块官下陂，由业户张、曾二氏合作，灌半线堡田1000余甲；猫雾拺（音 chuò）圳，一名葫芦墩，乾隆间业户张振万与蓝、秦二氏合筑，引大甲溪水，灌田1000余甲；彰化县大肚圳，雍正十三年（1735年）业户林、戴、石三姓合筑，引大肚溪水，灌田600余甲；隆兴陂，业户张天球、陈佛照合筑，灌浊水溪南岸田400余甲；大有圳，雍正十三年业户张、方、高等姓合筑；淡水万永安陂，乾隆三十一年（1766年），业户张必荣、张沛世合筑，引摆接溪水，灌田600余甲；猫儿椗圳，源出凤山崎溪，乾隆十二年由业户合筑而成；噶玛兰厅（今宜兰县）金大成圳，业户合筑，源出浊水溪，长2000余丈，灌田900余甲；罗东北门圳，业户合筑，引罗东西北之水，灌田100余甲。

第二种：庄民合作。指村庄内百姓合力修建的工程。如诸罗县（今嘉义县）的打猫大潭、番子沟陂、尤船窝陂、北社屋陂、慷榔陂、柴头陂（竹桥陂），台湾县的新港陂、大甲溪圳，淡水厅的内湖陂、顶破头陂。也有明确标定由佃户合作修建的，如淡水厅的猫里圳，乾隆三十四年佃户合作，引合欢坪水，灌田448甲；蛤仔市圳，乾隆五十二年佃户合筑，源出合欢坪，灌田600余甲；嘉志图圳，乾隆三十三年佃户合筑，源出合欢坪，灌田140甲；狮潭圳，佃户合筑，源出狮潭，灌田300余甲；等等。

第三种：番民合作。由土著民族各社或全社协力共同完成。在《番社采风图考》一书中，就记有一些

174

与汉人接触较多的番社，为避免田园受旱涝之灾，学习汉人筑圳技术，从内山开掘沟渠，引溪流以资灌溉的事例。乾隆时由淡水厅新社番民合力修筑的新陂圳，便是其中的一个例子。

第四种：汉番合作。即由原土著民族和汉人进行合作。如诸罗县的番仔陂，康熙三十四年（1695年）建成，引北番湖水灌田；哆啰啯大陂，康熙五十四年附近各庄民与番民合作而成。还有像乾隆四十一年（1776年）完成的淡水厅水枧头圳，也是由番汉民众协力修筑的。在汉番合作中还有一种形式，就是由番民中的头面人物招募民番佃户，或与汉族业户共同协力完成。前者像淡水厅的灵潭陂，乾隆十二年，由霄里社通事知母六招募民番佃户合筑；后者如霄里大圳，乾隆六年业户薛奇龙和知母六共募佃户完成。

第五种：业户独立修筑。这在当时也很普遍。其中规模较大的有台湾县的二八圳，康熙年间业户杨志中筑，可灌田1000余顷；在彰化县，有业户施世榜出资3300两，于东螺堡引浊水溪支流开施厝（音 cuò）圳，可灌溉十三堡田地中的八个堡，所以又叫八堡圳。后来，施氏又在施厝圳的基础上，再开铺盐陂，使灌溉面积又扩大了数百甲。乾隆十六年，业户池良生引乌溪水灌台湾县境南北投堡70余庄田地，也是一项很大的工程。再如台湾县猫里堡业户吴伯荣引万斗溪水修万斗六圳，灌田千数百甲；乾隆年间淡水县业户林成祖引三叉河水筑大安圳，灌田1000余甲；业户郭锡瑠引大坪林溪水筑合川圳（瑠公圳），溉田1000余甲。

这些都是颇有影响的工程。

据连横《台湾通史》的统计，到清末民初为止，台湾全岛共有各种形式的陂潭圳坝234处（已堙废者3处未计在内）。正是这许多大大小小的水利工程，使清代台湾的农业，无论是土地的垦辟面积，还是作物的产量和土地的复种指数，都较以前有很大的增加。台湾经济的繁荣，在某种意义上说，水利事业起着先导性的作用。

《中国史话》总目录

系列名	序号	书名	作者	
物化历史系列（28种）	30	石器史话	李宗山	
	31	石刻史话	赵 超	
	32	古玉史话	卢兆荫	
	33	青铜器史话	曹淑琴	殷玮璋
	34	简牍史话	王子今	赵宠亮
	35	陶瓷史话	谢端琚	马文宽
	36	玻璃器史话	安家瑶	
	37	家具史话	李宗山	
	38	文房四宝史话	李雪梅	安久亮
制度、名物与史事沿革系列（20种）	39	中国早期国家史话	王 和	
	40	中华民族史话	陈琳国	陈 群
	41	官制史话	谢保成	
	42	宰相史话	刘晖春	
	43	监察史话	王 正	
	44	科举史话	李尚英	
	45	状元史话	宋元强	
	46	学校史话	樊克政	
	47	书院史话	樊克政	
	48	赋役制度史话	徐东升	
	49	军制史话	刘昭祥	王晓卫
	50	兵器史话	杨 毅	杨 泓
	51	名战史话	黄朴民	
	52	屯田史话	张印栋	
	53	商业史话	吴 慧	
	54	货币史话	刘精诚	李祖德
	55	宫廷政治史话	任士英	
	56	变法史话	王子今	
	57	和亲史话	宋 超	
	58	海疆开发史话	安 京	

系列名	序号	书名	作者
交通与交流系列（13种）	59	丝绸之路史话	孟凡人
	60	海上丝路史话	杜瑜
	61	漕运史话	江太新　苏金玉
	62	驿道史话	王子今
	63	旅行史话	黄石林
	64	航海史话	王杰　李宝民　王莉
	65	交通工具史话	郑若葵
	66	中西交流史话	张国刚
	67	满汉文化交流史话	定宜庄
	68	汉藏文化交流史话	刘忠
	69	蒙藏文化交流史话	丁守璞　杨恩洪
	70	中日文化交流史话	冯佐哲
	71	中国阿拉伯文化交流史话	宋岘
思想学术系列（21种）	72	文明起源史话	杜金鹏　焦天龙
	73	汉字史话	郭小武
	74	天文学史话	冯时
	75	地理学史话	杜瑜
	76	儒家史话	孙开泰
	77	法家史话	孙开泰
	78	兵家史话	王晓卫
	79	玄学史话	张齐明
	80	道教史话	王卡
	81	佛教史话	魏道儒
	82	中国基督教史话	王美秀
	83	民间信仰史话	侯杰
	84	训诂学史话	周信炎
	85	帛书史话	陈松长
	86	四书五经史话	黄鸿春

系列名	序号	书　名	作　者	
思想学术系列（21种）	87	史学史话	谢保成	
	88	哲学史话	谷　方	
	89	方志史话	卫家雄	
	90	考古学史话	朱乃诚	
	91	物理学史话	王　冰	
	92	地图史话	朱玲玲	
文学艺术系列（8种）	93	书法史话	朱守道	
	94	绘画史话	李福顺	
	95	诗歌史话	陶文鹏	
	96	散文史话	郑永晓	
	97	音韵史话	张惠英	
	98	戏曲史话	王卫民	
	99	小说史话	周中明　吴家荣	
	100	杂技史话	崔乐泉	
社会风俗系列（13种）	101	宗族史话	冯尔康　阎爱民	
	102	家庭史话	张国刚	
	103	婚姻史话	张　涛　项永琴	
	104	礼俗史话	王贵民	
	105	节俗史话	韩养民　郭兴文	
	106	饮食史话	王仁湘	
	107	饮茶史话	王仁湘　杨焕新	
	108	饮酒史话	袁立泽	
	109	服饰史话	赵连赏	
	110	体育史话	崔乐泉	
	111	养生史话	罗时铭	
	112	收藏史话	李雪梅	
	113	丧葬史话	张捷夫	

系列名	序号	书名	作者
近代政治史系列（28种）	114	鸦片战争史话	朱谐汉
	115	太平天国史话	张远鹏
	116	洋务运动史话	丁贤俊
	117	甲午战争史话	寇 伟
	118	戊戌维新运动史话	刘悦斌
	119	义和团史话	卞修跃
	120	辛亥革命史话	张海鹏 邓红洲
	121	五四运动史话	常丕军
	122	北洋政府史话	潘 荣 魏又行
	123	国民政府史话	郑则民
	124	十年内战史话	贾 维
	125	中华苏维埃史话	温 锐 刘 强
	126	西安事变史话	李义彬
	127	抗日战争史话	荣维木
	128	陕甘宁边区政府史话	刘东社 刘全娥
	129	解放战争史话	朱宗震 汪朝光
	130	革命根据地史话	马洪武 王明生
	131	中国人民解放军史话	荣维木
	132	宪政史话	徐辉琪 付建成
	133	工人运动史话	唐玉良 高爱娣
	134	农民运动史话	方之光 龚 云
	135	青年运动史话	郭贵儒
	136	妇女运动史话	刘 红 刘光永
	137	土地改革史话	董志凯 陈廷煊
	138	买办史话	潘君祥 顾柏荣
	139	四大家族史话	江绍贞
	140	汪伪政权史话	闻少华
	141	伪满洲国史话	齐福霖

系列名	序号	书 名	作 者
近代经济生活系列（17种）	142	人口史话	姜涛
	143	禁烟史话	王宏斌
	144	海关史话	陈霞飞　蔡渭洲
	145	铁路史话	龚云
	146	矿业史话	纪辛
	147	航运史话	张后铨
	148	邮政史话	修晓波
	149	金融史话	陈争平
	150	通货膨胀史话	郑起东
	151	外债史话	陈争平
	152	商会史话	虞和平
	153	农业改进史话	章楷
	154	民族工业发展史话	徐建生
	155	灾荒史话	刘仰东　夏明方
	156	流民史话	池子华
	157	秘密社会史话	刘才赋
	158	旗人史话	刘小萌
近代中外关系系列（13种）	159	西洋器物传入中国史话	隋元芬
	160	中外不平等条约史话	李育民
	161	开埠史话	杜语
	162	教案史话	夏春涛
	163	中英关系史话	孙庆
	164	中法关系史话	葛夫平
	165	中德关系史话	杜继东
	166	中日关系史话	王建朗
	167	中美关系史话	陶文钊
	168	中俄关系史话	薛衔天
	169	中苏关系史话	黄纪莲
	170	华侨史话	陈民　任贵祥
	171	华工史话	董丛林

系列名	序号	书名	作者
近代精神文化系列（18种）	172	政治思想史话	朱志敏
	173	伦理道德史话	马 勇
	174	启蒙思潮史话	彭平一
	175	三民主义史话	贺 渊
	176	社会主义思潮史话	张 武　张艳国　喻承久
	177	无政府主义思潮史话	汤庭芬
	178	教育史话	朱从兵
	179	大学史话	金以林
	180	留学史话	刘志强　张学继
	181	法制史话	李 力
	182	报刊史话	李仲明
	183	出版史话	刘俐娜
	184	科学技术史话	姜 超
	185	翻译史话	王晓丹
	186	美术史话	龚产兴
	187	音乐史话	梁茂春
	188	电影史话	孙立峰
	189	话剧史话	梁淑安
近代区域文化系列（一种）	190	北京史话	果鸿孝
	191	上海史话	马学强　宋钻友
	192	天津史话	罗澍伟
	193	广州史话	张 磊　张 苹
	194	武汉史话	皮明庥　郑自来
	195	重庆史话	隗瀛涛　沈松平
	196	新疆史话	王建民
	197	西藏史话	徐志民
	198	香港史话	刘蜀永
	199	澳门史话	邓开颂　陆晓敏　杨仁飞
	200	台湾史话	程朝云

《中国史话》主要编辑
出版发行人

总　策　划	谢寿光　　王　正	
执行策划	杨　群　　徐思彦　　宋月华	
	梁艳玲　　刘晖春　　张国春	
统　　筹	黄　丹　　宋淑洁	
设计总监	孙元明	
市场推广	蔡继辉　　刘德顺　　李丽丽	
责任印制	郭　妍　　岳　阳